U0269274

完美牛排烹饪全书

大师级美味关键的一切秘密

THE STEAK COOKBOOK

王永贤◎著

河南科学技术出版社

· 郑州 ·

在家就能够享受到世界级的牛排料理！

在家中料理，以简单为上策。如果食材特殊很难取得，或是难度太高根本做不来，那就是纸上谈兵；又如果虽是名料理，但自己不喜欢吃，那也不用强求，换个自己喜欢的料理方式吧。

很多人都问："你把做牛排的诀窍都写出来了，不怕别人复制吗？"

我们只想要阅读本书的读者跟我们一样，在家就能够享受到世界级的牛排料理！

在开始动手做牛排之前

很多美食书翻开第一页就是食谱，但是明明按照食谱一步一步来，却怎么做都是怪怪的。外国有几本流传至今的经典食谱，大致可分三部分，一开始先介绍食材特性与烹调原理、基本装饰、锅具器材等，这是先"扎好马步"；再来介绍实际操作方式，这时才开始"动刀放火"；最后提供利于自由发挥的建议及提示。

建议读者看这本书时，不要直接翻到食谱制作部分开始动手。之所以将其安排在最后，就是希望大家能先有基本认知，既知其然，又知其所以然，才能享受制作甚至是创作乐趣。

本书以牛排为主题，所以在料理专题知识介绍部分均以牛肉做示范。

阅读特定的专题可以从前面的目录来查找对应的页码，方便快捷。

王永贤

没错！牛肉就是如此让人魂牵梦萦

在觉得想打打牙祭的时候，通常你脑海中会浮现的第一个选择是什么呢？

会是跟我一样已经在脑海中勾勒出它令人垂涎的样子吗？你也和我一样是沉醉于牛肉美味的爱好者吗？

在铁板上滋滋作响的牛排、广受年轻族群喜爱的汉堡、西餐厅必备的招牌料理红酒炖牛肉等，处处皆是诉说着牛肉变化多端的味道。想起当初第一口尝到的牛肉滋味，虽然只是一般的路边摊牛排，但那个滋味在脑海中还是记忆犹新。长大后有幸在朋友的邀约下，于高级西餐厅中品尝那入口即化的美味。牛肉的滋味就是如此变化多端，无论是平价的大众牛排，还是高级餐厅一客要价动辄上千元的顶级牛排，都各有拥护者。没错！牛肉就是如此让人魂牵梦萦。

大家都知道牛肉的营养价值高，富含丰富的铁质及蛋白质，对发育中的小朋友来说也是很好的营养来源，且牛肉的食用方法多样，无论是蒸、煮、炒、炸皆适宜，依部位的不同，口感及滋味也截然不同。沙朗、丁骨、肋眼、菲力，你是否觉得这些名词在点餐或选购牛肉时常使你感到困扰？到底这些部位是指牛的哪部分？哪个又是最好吃的？我今天要炖牛肉，那该选哪个部位好呢？这些疑问是否已困扰你很久了呢？我想大多数的人都有这些疑问，去牛排馆用餐可能永远都点最常见的沙朗牛排，因为其他的名称都不熟悉，什么纽约克、肋眼的，都没听过，也不知

道好不好吃，但是今后你可以很大声地说："我知道那是什么了！"

有时候兴高采烈地买了食谱书想回家尝试一下，但结果却总是不尽如人意。明明是本图文并茂的食谱书，也依照书上的步骤操作，但成品却不如书上所说的那么可口，到底是哪个环节出错也浑然不知。其实很多食谱书都忽略了最基本的料理知识，如食材新鲜度的判断、品种及产地的区分、烹调手法的不同等，这些皆是影响料理美味的关键，若是少了这些基础料理知识，只是一味盲从书上的步骤，是无法做出让人感动的美食的。不是有句老话说"工欲善其事，必先利其器"，所以在事前下足功夫，再循序渐进，这样你就可以拥有一手人人称羡的好厨艺了。

说了这么多，有勾起你想品尝牛肉美味的欲望吗？快拿起这本书，再到超市挑一块油脂如雪花般均匀分布的上等牛肉，回到你熟悉的厨房，卷起袖口照着书上的步骤一步一步来，端出一道道美味佳肴，让家人为你今晚的厨艺赞叹不已吧！

台湾"侨务委员会"美食教授

黄宝元

美味，是辛苦坚持后甜美的回报

大概是从初中开始，就常听他在班上唠叨，说未来想当个飞行员开战斗机，印象中他不是很爱读书，一天到晚到处玩。

高中又跟他同班，天天听着飞机从教室外面飞过，教室里面他还在唠叨。

高中毕业了，不少同学公式化地升学、补习或是就业，他则是一如所愿，进了心目中的空军学校。不过比较不一样的地方是，不管我们这些同学怎么劝他，他还是放弃了进入公立大学的绝佳机会，挑选他自己喜欢的路来走，看得很多人替他叹气。

选择当空军的他，慢慢地证明他当初的选择是对的，一次又一次听到他绝佳表现的消息，身为同学倍感光荣。有一次他千里迢迢跑到美国去，参加飞行竞赛打败众多高手，把武林盟主的金牌摘了回来，为了这件事，大家在台东老家又为他多干了几杯，与有荣焉。

后来听到他退伍的消息，既惊讶，也不惊讶，因为他一直都知道他在做什么，未来要做什么，只是旁人不知道而已。

从最新传来的消息间接知道他开了牛排馆，而不是大家想的去当飞机驾驶员，既惊讶，也不惊讶，因为他一直都走他自己选择的路，不受旁人影响。

从大家的评价就知道，我这个同学要做就会做到最好，不达目的不会罢手。他没有餐饮背景，没有资金支持，却能够来个惊奇大转业，而且成绩不俗。我觉得，我又看到他当年跑到国外摘金的奋斗精神了，只是这次的舞台不一样而已。

　　我自己既不懂牛排也不懂烹饪，但是看到书里面写的，就知道他是在做教育的工作，把他所学所知，毫不保留地教给社会大众。我相信这是台湾第一本，甚至是中文第一本，把牛排从专业角度写得最完整的书，很多的专业知识甚至颠覆大众的认知。比如酒精无法煮至完全挥发、烹调方式的运用、食物保存等的知识，更可以适用于牛肉以外的料理。深入浅出，不拖泥带水，全文没有吹嘘卖弄，用语轻松不艰涩，让人大开眼界，相见恨晚。

　　我相信这本书对爱烹调、爱牛排的人都能给予最直接的帮助，也可能改变华人的餐饮文化与习惯。但毕竟教育是百年大业，不能一蹴而就，就让大家跟我一起期待这本书持续发光发热吧！

台东市"立法委员"

刘棹豪

Contents
目录

Chapter 4   牛肉的选择、保存与准备 Choosing, Handling, and Preparing

Chapter 5   酱汁基本功 Basics of Sauce Making

Contents
目录

Chapter 7 12 道全世界都在享用的经典牛排食谱 Recipe

牛排美味的
终极关键
Kitchen
Essentials

工欲善其事，必先利其器。

虽然好工具不是制胜的唯一因素，但是有了它，做起事来会更得心应手。

如果问我是不是真的有差别，不如认真找把自己顺手的刀，做起料理看看有没有差别，相信很快就可以体会到好工具的价值。

刀具的选择
Knife to Choose

想要真正做好一块牛排，就要先从选择刀具开始谈起。好刀具使用期限更长，料理时也更得心应手。一般家庭料理时常一把刀万用到底，甚至连生食、熟食都不分刀，但其实每一把刀具都有各自擅长料理的食材，专为各种不同的功能而设计。刀具依照功能、样式可以分为数十种，不过除非是要展示或是真的喜欢下厨，一般家庭并不需要将刀具分类太细，只要针对日常料理所需的功能来选择符合需求的刀具即可。

厨刀中最常用、功能最广泛的就是中式菜刀或是西式主厨刀（chef's knife），只要用得顺手，两者没有好或不好之分，挑一把自己用起来最顺手的就对了。

中式菜刀——重在能万用

中式菜刀又分为片刀与骨刀（又称剁刀）：片刀轻薄灵巧，厚度约为2 mm，刀锋角度为15°~20°；骨刀厚重硬实，厚度约为4 mm，刀锋角度约为35°以上。一般家庭使用，18 cm（7 in）左右的就很实用。片刀适用于大部分食材的各种切法及拍打、拨送，一刀万用。骨刀形状、尺寸都跟片刀类似，适用于相对坚硬、需要蛮力砍剁的食材，例如骨头，切割灵活度则不如片刀，如果家里很少砍剁则不需要买骨刀，真的需要砍剁请商家代劳即可。所以片刀比较适合一般家庭的用刀需求。

西式主厨刀——重在操作手感

西式主厨刀比中式菜刀修长，前端圆弧形适合摇切（或称跳切）法，摇切很类似中式直刀法的推切，就是将主厨刀前端当作支点，刀向下压并顺势向前轻推食材，直至切完。左手（非握刀手）的作用与使用中式菜刀时一样，即固定及推送食物，手指半握拳推送食材，与右手分工合作切好东西；其他刀法跟中式菜刀切法近似，技巧也差不多，不再赘述。西式主厨刀虽然比较窄薄，却也可以做些简单的砍剁动作，只要运用刀的根部，不要用刀的中段及前端，还是可以砍一些简单的食材的，比如鸡、鱼的骨头；或是先用刀的根部敲出小缺口，再用刀背敲断骨头，这样也可以砍断骨头。

选择西式主厨刀，不能光用眼睛，而且要用双手去感觉合适度。选择烹调器具的重点在于操作的便利度，有许多人购买刀具时会先看价格而忽略它与你的合适度，买回来的器具往往因为操作不便而不常使用，便违背了选择购买的初衷。建议看到有兴趣的刀具，跟商家商量一下，最好能先感受下手中握感舒不舒适，大小、动作都要顺手，而因为厨房烹调大多是又洗又煮的状况，双手大多湿、油，所以握柄的感觉也是要考量进去的。

刀具的握柄材质各有不同，用起来的效果也会不一样：木质的握柄较美观不会滑手，但却有藏污纳垢的问题，故生食、熟食不分刀的人更要慎选，有些轻质木质握柄甚至会褪色或开花，选购木质握柄以材质硬实的为好。例如非洲黑木及黑檀木等高级木材，材质硬实耐用，较不易有细菌滋生。金属和电木的握柄较少有细菌滋生的卫生问题，如不锈钢握柄耐用好

清理，但是相比之下比较滑手。合成材料是近来蛮多德国刀厂握柄运用的材质，握起来很像粗糙的橡胶，所以即使手上有水有油，实际用起来也不滑手；再配合容易塑形的特性，可以制作出适合抓握的特殊形状，大动作够力，小动作够细，动静皆宜。比如瑞士维氏（VICTORINOX）的矿纤维（FIBROX）系列评价甚高而且价格最亲民，被欧美职业厨房与教学单位广为采用。

平衡！好刀一定要讲究手感平衡良好。不会头重脚轻、反应迟钝，或太轻飘切东西不够力；而轻重感觉因人而异，且配合不同的材质与长度，使用感都会有所差异。一般较常使用的长度是20~25 cm（8~10 in），25 cm的切割空间大，但也需要力气，比较适用于餐厅厨房；而20 cm的比较灵活便利，比较适合家庭料理使用。

在台湾目前的厨刀市场中，我会选日本"旬"的西式主厨刀在家里用，价格合理也够好用，20 cm的适合灵巧工作，25 cm的则适合大食材的切削，不过一定要货比三家，找到最适合的商家。而国外的其他刀厂也有不少好刀具：

瑞士维氏的矿纤维系列便宜、好用且耐用；德国三叉（WüSTHOF）的蓝带（Le Cordon Bleu）系列，德国双立人（ZWILLING）的高档德制或日制系列，都是不错的选择。经济实力强的，可以找找美国厨刀大师——包柏克拉马（Bob Kramer）的刀具，美国经认可的大师级的制刀师约70人，其中只有一人专门做厨刀，就是厨师出身的Bob Kramer；因为价格太高，更因为供不应求，所以我无缘碰面，有兴趣的人可以上他的网站报名抽奖，抽中的即可以高价购买一把量身定

做的厨刀，体验体验世界级厨刀的功力。

选购时就应考虑到保养问题

购买时还要考虑到刀具保养问题，不要刀具特殊到自己没办法保养，只能当作装饰品，或造成必须送回原厂保养而耗时等候的不便。选择刀具，品牌不是最主要考虑的因素，而是应以个人用刀的习惯为第一考量，就算是刀中精品，但个人使用不习惯仍属不实用。再者就是挑选值得信赖的刀具厂所生产的刀具，看其他消费者使用后的评价，并参考自己平日的用刀习惯做好事前的功课，能为你省去很多料理中的麻烦事。

锯齿状的刀刃乍看锋利，料理后的保养却很费工。如果是规则锯齿还可以自己磨一下；如果是不规则锯齿，那连磨都没办法磨。所以如果想要长时间拥有一把好刀，应该选择平刃而非锯齿状刀刃。经过实际使用，锯齿状刀刃切起东西来并不会更锋利，而且还会把食材扯碎。除非是选购特殊用途刀具，比如面包刀、番茄刀，其他功能刀具均应避免锯齿刀刃。

让烹饪更便利的刀具

如果还有需要，可以考虑以下特殊功能的刀具。

削皮刀（paring knife）

顾名思义主要用来削皮及切割，尤其是处理蔬菜水果里的粗纤维，非常好用。我们常称呼它为主厨刀缩小版，适合主厨刀施不上力的细致工作，除了水果削皮及切割，也可用来雕花等。尺寸再大一点就是多用途刀，也是不少名厨的最爱。

去骨刀（boning knife）

窄而长的刀身，适合不同结构之间的切割，例如骨与肉分开、肉与筋分离。窄薄有弹性又锋利的刀刃最适合骨头之间的切割，深入骨缝切开筋肉游刃有余，适合剔筋去骨。

西式片刀（slicing knife）

刀身看起来像主厨刀，只是比较薄而窄，切割灵活度与力度不如主厨刀，适合用来片肉方式的切割；另一种片刀比较长，多为25~30 cm（10~12 in），刀的前面做成圆头，适合切大块肉，即使刀尖回到肉中再切出来也不会重新开一道切痕，用于比较专业的肉品切割。有些刀子会做出血痕（hollow edge），就是在刀锋靠上的部位做些滑顺的凹槽，作用是减少粘黏咬刀情况，但是时间一长，磨刀保养时会磨掉血痕，这点大家选购时可作为参考。

牛排刀 (steak knife)

名为牛排刀，实际是在餐桌上吃饭时用的主餐刀，不只切牛排可以用。如果有一把刀会让牛排吃起来"感觉"更嫩更好吃的话，那就是这一把刀了。吃过牛排的人对牛排刀都不陌生，长相就是那个样子，但是因牛排刀品质不佳而切不开牛肉的遭遇，应该多少都经历过。等级好一点的牛排通常比较嫩，要切开不会太困难。如果再搭配上一把锋利的牛排刀，让牛排切起来更轻松不费力，即使偶遇肉筋也能轻易切开，如船过水无痕，牛排不会被切得四分五裂，吃起来似乎也更嫩了，感受会大不同。

选择牛排刀时，锯齿的或平刃的都可以，对锋利度影响不大。会自己磨刀的选平刃，可以自己保养；不会磨刀的可以选锯齿的，感觉可以用久一点。台湾市面上餐刀多以餐具组模式销售，不过一般整组的餐具里面的牛排刀锋利度相对不理想。其实世界各大刀厂也都有牛排专用刀，价差非常大，比如德国双立人、三叉、制刀师(MESSERMEISTER)，瑞士维氏以及日本"旬"，也都有很高评价。

薄而窄的西式片刀

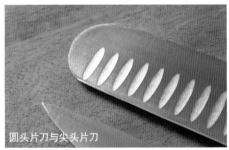

圆头片刀与尖头片刀

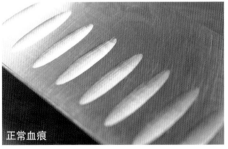

正常血痕

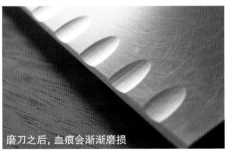

磨刀之后，血痕会渐渐磨损

刀具的选购 3 原则

1. 亲自去试

不管别人怎么说、怎么评论，自己拿过、握过才算数。一般消费者通常比较容易依赖网络或书刊做功课，参考别人的评价；虽然不可能试用所有的刀，但也要多比较几家评论，尽量不要单看个别的说法，避免落入销售陷阱。常在厨房的人，应该有一把自己用得最顺手的刀。选购好一点的刀，可以要求店家拿出实物试试看，握感、手感、平衡感、重量等都满意再做决定。如果不够顺手，可以要求店家试试别款厨刀，只要自己口气诚恳和善，店家都会乐于配合的；如果最后没意愿购买，应该客气地拒绝，不要勉强自己买一把不满意的刀。

2. 不要过度迷信品牌，但要找值得信赖的厂商

刀具的设计、材质、硬度、品牌等因素，都不如用刀技巧来得重要，不要迷信硬度、材质或品牌等单一因素，只要正确使用、妥善保养，就可以在巧手之下创造神奇。

3. 好的刀具值得投资，别让价格牵着鼻子走

好的刀具价格不菲，但是可以在厨房陪你数十年；好的刀具用起来顺手，做起料理得心应手，自己心情也舒坦；更重要的，好的刀具比较听话，不会做出让主人意外的动作，比如切坏食材，甚至切到手，可以更好地保护人身安全。

刀具的保养
Honing or Sharping

刀具需要细心地使用与保养，日常保养是每个人都必须具备的技巧。厨师每天都用刀，每次用刀前都要检查刀的状况；家里厨房刀用得比较少，但仍需定期保养保持锋利度。刀如果不利，控制性会变差，而且不利指的是切菜不锋利，如果没控制好切到手，刀可是削铁如泥毫不客气。所以做料理，锋利的刀比钝掉的刀安全。但没有永远不钝的刀，再锋利的刀也会因为不断地使用而钝化，所以在这个章节中想要分享解决刀锋钝化的办法，也要告诉你正确地打磨保养以使刀具保持锋利的方法。

磨刀棒

依照刀具厂使用钢材与处理方式的不同，刀锋角度也不一样，一般德国刀为20°~22°，硬一点的日本刀为15°~17°。刀子磨出锋利的刀锋之后，经过使用，再硬的刀子都无法维持刀锋平顺，也就是刀锋会被推歪；这时候刀锋仍在但不平顺，这种情况下可用磨刀棒将刀锋推回，刀锋平顺就可以了，还不需要用磨刀石。

磨刀时控制好刀锋角度很重要。角度太大会将刀锋磨钝，角度太小会磨到刀身，所以磨刀前了解刀锋角度是非常重要的事情。如果真的不知道，可以从20°开始，上下轻轻调整感觉一下，然后找出正确的刀锋角度。

（1）将磨刀棒握紧垂直向下，下方垫毛巾止滑。

（2）握刀的一手控制角度，从上到下，从刀根到刀尖，两边轮流磨，各边5下，再3下、2下、1下、1下，开始比较用力，然后力道渐渐减轻直到结束。

（3）刀具跟磨刀棒会留有金属屑，用纸巾擦干净，不要用手摸。

（4）可以拿纸切割，试试锋利度。

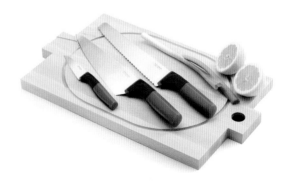

磨刀棒的使用

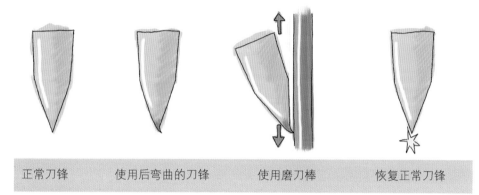

| 正常刀锋 | 使用后弯曲的刀锋 | 使用磨刀棒 | 恢复正常刀锋 |

磨刀石的使用

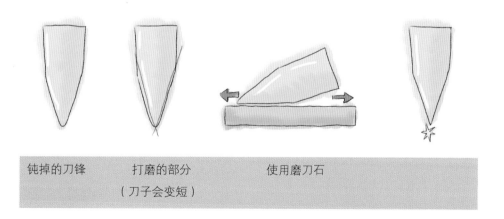

| 钝掉的刀锋 | 打磨的部分
（刀子会变短） | 使用磨刀石 |

磨刀石

当磨刀棒都无法让刀恢复锋利，刀锋已失去锋利的角度时，就可以确定刀是真的钝化了，已无法正常切割。这时便可使用磨刀石将已经钝化的刀锋整个磨掉一层，你就会体验到什么叫作剥一层皮焕然一新。这属于破坏性的工作，会让刀变窄，所以不要没事就用磨刀石磨刀，这样只会使刀损耗更快；也因为刀会去掉一层皮，所以如果没有磨好，是很容易把刀磨坏的。

（1）选择适当的磨刀石，最基本的磨刀石应该有粗、细两种，粗的可以很快帮刀去一层皮，细的则用来磨出漂亮光滑的表面。

（2）依照磨刀石特性湿润磨刀石，一只手（一般是握刀的手）只管控制好角度，请注意，刀锋角度错误，会直接磨坏刀，所以一定要了解刀的角度；另一只手向下施力，从刀根到刀尖做弧形打磨，慢慢磨出一道新的刀锋；这时双手协力做出弧形打磨很重要，不要把一只弧形的刀磨成直的，这样也会破坏刀。

（3）刀翻面，控制好角度，继续打磨。

（4）粗石磨完用细石磨，就可以磨出漂亮锋利的刀面。

（5）刚开始磨刀特别是用磨刀石时不容易掌握诀窍，容易磨坏刀，最好先用便宜的刀来练习，等到角度、弧度与力道都控制得很好了，再磨好一点的刀。

最重要的一点，如果没把握，还不如每6~12个月，请信得过的专业磨刀师帮忙打磨，好的磨刀师傅会交还你一把几乎全新的刀。花一点钱，省时省力又可免去磨坏刀的心痛，这对很少用磨刀石、刀又很昂贵的人是比较放心的做法。

刀磨得好，就如同这道均匀平整的刀锋

锅具的选择
Cook Tops to Choose

不管烹调什么食物，锅具总是扮演着举足轻重的角色。很多时候厨艺好的人再搭配一只好锅，就能做出满分的料理；而厨艺尚待精进的人，更需要一只好锅来协助烹调出美味料理。别小看一只锅，却蕴藏了许多喜爱烹调者的秘诀在其中，光是选锅就有不同的窍门，选对锅具就如同选对一个擅长料理的伙伴，合作无间才能让料理的特色完美地呈现。

6 个秘诀教你挑对锅

西餐料理多用平底锅，目的是提供一个平面，让料理出来的食物有个平整的表面；再者平底锅产生的热比较均匀，使食物接触面有均匀的温度与熟度。

制造平底锅所用材质和技术都很多，各家锅具都标榜使用最好的材质、最好的技术。一个好的平底锅，应该具备以下6种特性。

1. "食用安全" 的材质

锅具的材质会直接接触食物，所以锅面除了要洁净，更要够稳定，不会因为奇奇怪怪的添加物或是因为洗涤的清洁剂，或者遇上温度急剧变化，造成质变，甚至释放有害物质。如铜和铝，都是一般锅具常用的材质，但是对某些特定物质可能产生化学变化，尤其以酸性物质更明显，铜离子跟铝离子不像铁离子般容易被人体排出，所以建议如果要长期烹调使用则必须考虑此因素。

2. 导热快

铝的导热快，但不稳定，本身的材质较软易被刮伤，甚至容易掉色，在烹调的过程中浅色酱汁被铝染成灰色的情况屡见不鲜，一不小心就连同料理一同吃下肚。铜导热比铝还快，缺点是价格较贵且易氧化，难保养，也可能会让某些白酱上色。比较起来不锈钢材质的锅具较稳定，但是导热没前面二者好，所以现代很多的锅具制造都用复层金属（clad），不管是合金还是包层，内外层互相搭配再加上适当的材质，就能兼具导热与稳定的功能。导热快的锅具是职业厨房的必需品，除了

铜比例低的锅（左）和铜比例高的锅（右）

节省时间之外，也节省宝贵的能源，所以专业厨房里面常常可以见到铜锅就是这个原因。

铜用在锅身的比例愈高，像评价高的比利时隼铜锅(FALK)、知名的法国慕菲(MAUVIEL)，锅热起来当然更快，只是价格较高，不是一般家庭都能接受的。但有些极度热爱烹调的人却不吝投资，以追求美味为最高原则。即使同一型的铜锅，厚度不同效果也会不同。厚的铜锅不会比薄的铜锅热得快，但是会热得比较均匀，烹调成品比较漂亮；薄的铜锅热度就比较难掌控，会有热点*产生。如果觉得铜锅太贵，那退而求其次就是铝锅了，但是铝并不适合用来做锅面，最多用来做传热的中间层，内外必须使用其他材质配合才能做出稳定耐用的好锅。

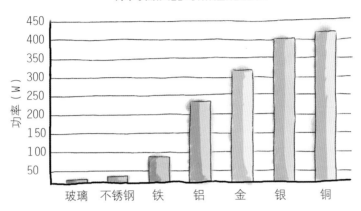

不同物质的导热性能比较

纵轴：功率（W）：450、400、350、300、250、200、150、100、50

横轴：玻璃、不锈钢、铁、铝、金、银、铜

锅具的优缺点

材质	优点	缺点	价格
铜锅	导热最快 耐高温 受热均匀，几乎没有热点产生	沉重 铜会氧化 铜离子不宜被人体大量摄入	最高
铝锅	导热快 重量轻	较不稳定 材质软易刮伤 铝离子不宜被人体大量摄入	中/低
铁锅	保养容易 味道好(正常养锅状态) 耐超高温 不粘效果良好	沉重 导热慢	低
不锈钢材质	材质最稳定 清洗、保养容易 耐高温 制造焦褐/基底效果良好	导热慢 初学者不易上手	高

但也有例外的，像一只好的炖锅 (casserole) 不一定要选择导热快的，炖锅要的是温度稳定温和，保温效果佳，所以不太需要反应快速的材质；导热较慢、温度温和、保温效果好的铸铁或陶瓷，反而是制作炖锅的最佳选择。

对于炒锅 (fry pan) 以及煎锅 (saute pan)，反应快速是成功要素。铜锅当然是首选；其次是铝；不锈钢则适合运用在锅面，不适合作为导热主体。

* 热点(hot spot)听起来没什么大不了，可能是因为有的厨师有时间站在锅具前面，不断翻炒食物，自然不会感到它的存在。如果用锅来煮煮浓汤，或是好几块肉分不同时间下锅而且只翻面一次，或是一位厨师因为浓汤锅底烧焦而倒掉好几锅浓汤的时候，就知道热点为什么会成为厨师痛恨的头号敌人了。

3. 受热均匀

一般家庭料理热源都是从锅底来的，不管是燃气还是电热管线，热源会产生在底部几个特定的区域。将这些特定区域的热源，均匀快速地分散到整个锅具（握柄除外），是一口好锅的重要功能。

如中式炒锅，热度集中在锅底中间区域，必须靠着翻炒与液体（油、水）来让热度均匀分散，而平底锅热度分布就比较平均。厨师不会希望一块肉放在锅上，翻面之后才发现一片肉有些地方太熟，有些地方还是生的，或是熬煮浓汤结果烧焦，导致整锅汤制作失败，所以导热均匀、避免锅具有热点产生是很重要的条件。

说到锅具受热均匀，我会以烹调常常使用的复层锅来举例。现在市面上的复层锅大概有两种夹层制作方式。

第一种是用在锅底，就是专注在锅底做好金属三明治的方式，但是锅的整体还是不锈钢，看起来就像锅下方有一片厚圆饼，在台湾比较容易看得到的品牌，如双立人、牛头等都是。

锅导热均匀煮出来的酱汁，但是铜表面会让某些食物上色

锅导热不均煮出来的酱汁——烧焦

第二种方式是整个锅用金属夹层方式做成，锅面用最稳定的不锈钢，中间层用导热快的铜或铝，最外层就看各家的制作工艺，有稳定的不锈钢、轻巧的铝合金、奢华的铜、现代感的阳极离子涂层，层数从基本的2层到7层都有。台湾市场可以看到的以瑞士 SPRING 为代表，其他品牌如美国的欧克蕾(ALL CLAD)，比利时隼铜锅与法国的慕菲，都是评价很高、名厨爱用的好锅。

不过以实际应用来说，夹层有几层并不是最重要的。夹层多，加热反而可能会慢一点，但是受热比较均匀而且保温效果会比较好；反之，夹层少、重量较轻者，加热快一点，保温相对也差一点。最好是看厨师烹煮的是什么料理，再选用适当的锅具。

3 层复层金属

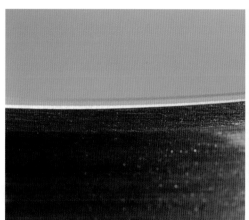

90% 铜与 10% 不锈钢复层金属

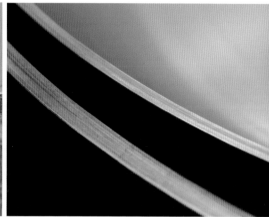

厚铜锅（下）和薄铜锅比较

4.平衡感良好

想要测试锅具的平衡感，不妨实际拿起锅，平衡感佳的锅具不会让你有不稳的感觉，即使锅里盛装着相当的重量，烹饪者都能够稳稳地拿着。另外有一点，虽然台湾考餐饮证照时，为了避免火灾风险，禁止大火翻炒的动作；但是在西餐厨艺中，将锅端起来翻炒是基本动作，甚至课堂上会要求锅里放上豆类，不加热，没事就练一下翻炒动作，这时候锅的平衡感跟形状设计就很有关系了。另外有些单柄锅，会在握柄另一边多做一个小手柄，让厨师更方便端捧锅具，也是贴心的好设计。

5.握柄舒适隔热

只要下厨就免不了要与锅的握柄接触，如果有棱角或太细，握起来便容易产生不适感，要用来提重物就更不理想了。因为握柄连接着锅身，锅身都是导热很好的材料，而且握柄就直接暴露在火源上，所以握柄要能隔热是必要条件。

有些锅具的握柄为了隔热，设计成塑胶或硅胶材料，虽然达到隔热目的，却容易有缺点。如暴露在明火上方，塑胶握柄会烧坏；或者有些塑胶握柄耐热程度不佳，不能直接放入烤箱继续烹调；还有就是塑胶、硅胶再怎样都没有金属耐用，时间久了都会被撞到、割到、刮到、耐用程度比不上金属握柄。同样是金属握柄，铜制(青铜除外)的就比铁制的导热快，如果同一款锅具有铜制握柄跟铁制握柄可以选择，铁制握柄或不锈钢制握柄就不会像铜制握柄那么烫手。

锅具的握柄耐用/耐热

大 铁制、不锈钢制　铜制　硅胶　塑胶 **小**

6.便利烹饪的巧思设计

不只是外观，锅的形状、锅缘、角度、大小，都会影响烹调成果。同样是浅平底锅，细分还可以分成煎锅(saute pan)、炒锅(fry pan)和法式锅(french skillet)三种，其中差异就在锅壁形状与角度。

实际用起来，煎锅沉稳适合静态煎或是浅炸（油深约为食物的一半高）料理方式；炒锅灵巧，开口大，水分散发快速，适合需要翻炒动作及收干水分的料理方式；法式锅则介于二者中间，可静可动，单项功能却又不如前二者。如果家里不常开伙，那就听听别人建议下手买锅就好了，选什么都差异不大。但是如果对烹调有兴趣，那就不妨把锅具抓起来把玩一下，仔细评估，找一个适合自己烹煮习惯、调理食物以及厨房最适合的锅具，价格高低反而在其次。若使用寿命来评估锅具的价值，单价高的锅有它的成本价值，较能延长使用期限，一分价钱一分货，也算是一项对美味的投资，有时候反而会比较划算。

三种基本平底锅比较

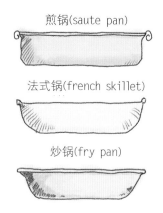

煎锅(saute pan)

法式锅(french skillet)

炒锅(fry pan)

锅具	特性	料理
煎锅	沉稳	适合静态煎或是浅炸
炒锅	灵巧、开口大、水分散发快速	适合翻炒动作及收干水分
法式锅	可静可动	适合煎、炒

精明的消费者真要算起来，不难发现好锅确实比较便宜，这还没算到因器材不良导致的失败、食材损失、能源损耗、精神沮丧。所以仔细算一算，真正爱下厨的人不如狠下心投资一只好锅，只要一开炉就会马上有感觉。就像大多数人使用欧克蕾锅或是铜锅的共同心得，买第一个好锅之前睁大眼，但是买后续的欧克蕾锅或铜锅就可以闭着眼了，而且很快厨房就会变成欧克蕾锅或铜锅的天下。

好锅用顺手之后，一些廉价次级品在厨房常会变成被遗忘的一群，只会偶尔拿出急用。

不粘锅，铸铁锅，还是不锈钢锅
Non-Stick, Cast Iron, or Stainless Steel

要做好西式料理，首先你需要顺手的锅具，简单的就是按锅面来分，大致分为以下三种平底锅。

不粘锅

不锈钢锅

铸铁锅

不粘锅（non-stick）

一提到不粘锅，大概大家都会直接联想到泰氟隆(聚四氟乙烯，polytetrafluoroethylene, PTFE)。这个1936 年在美国杜邦公司实验室里意外发现的物质，因为分子表面光滑不粘黏的特性，成为许多东西的制造原料，也是几十年来用来制作不粘锅的最主要材料。

泰氟隆不粘锅

泰氟隆这种本身无色无味的粉末，需要黏着剂才能够附着在锅具上，也就是金属表面，黏着剂全氟辛酸(PFOA)就成为几十年来寸步不离的最佳拍档。凡事兴一利必生一弊，几十年来这两个最佳拍档也渐渐被证实对人体有不良影响。杜邦公司在2006 年表示泰氟隆在正常使用情况下是安全的，但是他们所谓的正常使用是不能超过260 ℃的高温、表面要完整、无刮伤等情况，经过实践证明其实很容易越线犯规。

杜邦公司自己都说大约340 ℃就可以让泰氟隆涂层分解，而一个泰氟隆不粘锅只要空烧3~5 min就会达到370℃的高温，足以释放出15种有害物质。那么什么情况会是260℃呢？以一般中式炒菜方式，锅以中大火加热，食材下锅前就有可能会达到这个温度。另外一个可供参考指标，色拉油冒烟了，差不多就是超过240℃，即使食材下锅，温度上下起伏过程中也会达到很接近的温度，所以用泰氟隆材料的锅具，以中小火烹调会比较恰当，而且锅铲要用软性耐高温的材质，避免刮伤涂层。

陶瓷不粘锅

新一代的不粘锅，已经不再使用泰氟隆跟全氟辛酸这两种问题产品了，取而代之的材质以陶瓷为主，有些则以粗糙锅面结构减少食物接触面积，达到不粘效果。

新材质制作的不粘锅，如法国慕菲与布及(BOURGEAT)两大百年锅厂制作的不粘锅，耐高温的程度不输给不锈钢锅，使用起来会更方便。陶瓷不粘锅面也是目前我用过的不粘锅里面效果比较好、耐温最高而且清洗保养最容易的材料。但是我所有用过的不粘锅都一样，不粘效果都会慢慢退化，时间不同而已，可以提供

大家参考一下。还是老话一句，最新的东西不见得最好，没经过几十年的试用，不一定能够看得出新技术的缺陷。

不粘锅虽不提倡，但也不是完全不能用，如果要用，那就先搞清楚材料是什么，使用限制有哪些，用起来也比较安心，只不过要用来煎牛排的话，不粘锅是我最后一个选择。

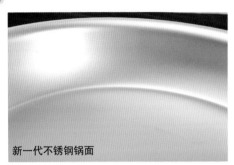

新一代不锈钢锅面

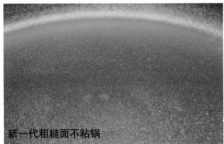

新一代粗糙面不粘锅

新一代陶瓷面不粘锅（黑色）

新一代陶瓷面不粘锅，理论上可以做成
各种颜色（橘色）

传统不粘锅的制造方式

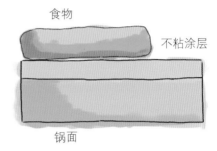

食物
不粘涂层
锅面

新一代不粘锅的制造方式

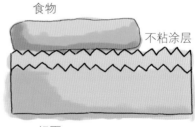

食物
不粘涂层
锅面

铸铁锅（cast iron）

铁的价格一般来说较便宜，不是很好的导热材料，但是却很能耐高温，而且只要保养得好，铸铁锅也会有不粘锅的不粘特性。

铸铁锅构造简单，超级耐用，导热虽不及铜、铝，均匀度却毫不逊色，而且保温效果极佳，还可以使用任何工具或加热模式，从这炉换到那炉、正着炒、反着煎、烤马铃薯、丢火堆里焖、炖牛肉、盖上盖子当小烤箱，样样都行。一般铸铁表面比较粗糙，砂眼明显，清洗的时候不能使用清洁剂，只要加热用食用油擦干净就可以了，偶尔加一点食盐打磨一下，最多用温水来清洁陈年油污，再加点油擦干即可。

铸铁锅需要养锅，就是在容易生锈的铸铁表面涂上一层保护层。铸铁锅刷上一层油，油会渗入砂眼间，隔绝水与氧气对铁的腐蚀，再把锅放进230 ℃烤箱烤30 min(或170 ℃ 烤1 h)，完成后置于室温冷却，然后再重复2~3次上面程序，直到表面形成一层硬膜，养锅就完成了。

养出来的锅具表面有不粘锅特性，几乎可以达到不粘效果，每次煮完东西，也差不多就是一次养锅动作，表面会呈现美丽的亮黑色，加上烹调的美味也会像老汤一样累积在锅具上，所以铸铁锅常用的话会越用越好用。

便宜好用的铸铁锅

用油擦铸铁锅

不锈钢锅（stainless steel）

不锈钢是铁与碳的合金，最具知名度、代表高质量的就是18/10不锈钢。所谓18/10的意思就是钢材里面有18%的铬和10%镍，剩下的比例就是钢了。因为其高硬度、稳定、耐腐蚀的特性，最早运用于外科手术刀具，也因为铬亮丽的外表，被大量运用在高档厨具中。

双赢的锅具

不锈钢稳定、刚硬的特性是运用于锅具的最主要原因，要不然以不锈钢最被诟病、不及格的导热性，实在不是制造锅具的必要材料。不过如果能够将不锈钢的稳定、刚硬与其他材料的高导热效率结合，的确可以创造双赢的锅具，在其他完美合金发明出来之前，我觉得复层金属是目前制作锅具最适合的材料，实际用起来也最好用。

国内目前锅具厂除了不粘锅之外，也多以不锈钢为锅具制作材料。不是所有不锈钢锅具用起来都一样，也不是外表亮丽、价格昂贵的锅具就一定好用。以平底煎锅为例，因为炉火热度会从边缘上来，所以锅壁不能是薄薄一层不锈钢，要不然

就等着让东西烧焦，锅具愈小这种现象会愈明显。若是两层不锈钢中间空心的也不适合，因为空气不是导热的好材料，空心结构虽然减少重量与成本，但是整个锅具受热会不均匀。比较理想的不锈钢锅面应该搭配导热良好的材料，结合成复层金属，以求锅面整体温度均匀。

除了导热不良的缺点之外，粘黏的问题也是不锈钢锅面比较受人质疑的地方。不锈钢表面确实会让食物产生粘黏，但是只要使用得当，运用以下技巧，粘黏问题可以减少。掌握不锈钢锅的使用性能之后，它会让人爱不释手。

3个不藏私小技巧，
让你爱上不锈钢锅

1.温度的控制

温度够高，可以让食物表面焦褐，所以要解决粘黏的问题，就一开始不要急着翻动食物，等到食物表面焦褐层出现，大部分食物会从锅面脱离，留下一层锅底焦褐层。

比较恰当的做法是把锅加热之后，加入油，等到油够热了，第一丝油烟冒出来是最后底线，食物就下锅，这样热度才够，油也不会过热。另外一点，让食物表面干一点再下锅，必要时用干净纸巾或毛巾吸干肉表水分，有时还可以粘一层粉，料理起来粘锅机会就会降低。

2.选择适当的锅面大小

肉摆放在锅面，肉与肉之间要有足够的间隔，锅面太小肉挤成一堆，不但锅面温度不容易维持，肉表不容易焦褐，成品会比较像是煮或蒸的效果；锅面太大，锅面基底（fond）会很容易烧焦，所以间接来说还是温度控制问题。一般而言，看家里厨房炉子大小，直径25~30 cm（10~12 in）的平底锅会比较适用，更大的适合餐厅，再小的适合单身使用。

3.优良的材质

一分价钱一分货，同样是不锈钢，等级与各厂家处理方式均有所差异，优良材质和次等材质制造出的锅具会有截然不同的效果。比利时隼铜锅厂家甚至表示，

导热不好的锅具才需要不粘涂层，导热好的铜锅配合不锈钢就有不粘效果了，而实际用起来不粘效果也真的很好，不输给不粘锅。

不锈钢锅面刚开始用的时候确实需要适应期，等到掌握诀窍与感觉，会让人相见恨晚；但是如果一直都无法体验不锈钢锅之美，那就应该考虑换个材质好一点的不锈钢锅了。

用隼铜锅煎鱼的不粘效果

终极锅具——铜锅
Cookware the Paramount—Copper Pans

铜锅很贵？！等一下，容我大胆猜一下，会这样说的人应该没用过铜锅。不知道我猜对了吗？

值得即刻投资的美味工具

这样形容不是要炫耀铜锅的昂贵与奢华，而是体验过铜锅实用性的人，会觉得铜锅的价格是每一分钱都花得很值得。

铜的导热性极佳，在所有元素中仅次于银，是制作锅具的最理想材料，做出来的锅具对热反应快，效率高，硬度够。

但是没有什么是绝对完美的，铜还是有一些使用上的限制，例如铜会氧化，也就是说大家看到在百货公司展示柜上放着漂漂亮亮、美丽刺眼(不只是价格而已)的铜锅，回家一开工，可能马上就蒙上一层黑影。不过只要你花点耐心，用铜油一擦就可以恢复铜身光亮，不难，只是要去做。外表氧化的铜不会影响性能表现，有没有必要保持亮丽，就看自己需求。

以铜为锅面烹饪的时候，铜离子还是会进入食物中，少量下肚影响不大，但是如果吃下去量太大就会造成毒性沉积。但也因为铜离子的特性，用来制作一些红色果酱或煮绿色蔬菜，颜色会特别漂亮，用铜锅来打蛋白也会打发得更稳定漂亮，无可取代。

使用后的铜锅，表面会氧化变色

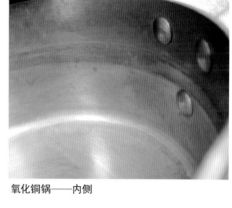

氧化铜锅——内侧

使用5年后仍然稳定的不锈钢锅面

稳定的不锈钢锅面

铜锅与电磁炉不兼容，如果家里只有电磁炉可用，或你是电磁炉达人一定要用电磁炉烹调，或者实际一点的理由，爱上的是电磁炉的高效率，那中间就要再加垫一块电磁板，才能顺利导热到铜锅上。不过如果要用电磁板，那当初何必一定要选价格较贵的铜锅呢？倒不如直接选电磁炉可用的不锈钢锅就好了。

锅具厂会在铜锅面使用稳定安全的金属，来克服铜离子渗入食物以及铜本身容易氧化的问题。以世界几个大铜锅厂之一的法国慕菲来说，早期技术比较老，所以用锡来作为铜锅内层，锡的好处是美观光亮好加工，无毒，但是有个致命伤——不耐热。过高的温度会把锡涂层熔掉，高温会让锡涂层变软，容易受伤，所以要跟使用不粘锅一样小心呵护着。另一个问题是锡会跟一些化学酸性物质发生反应，如果不小心接触到一些化学物质，会破坏锡涂层。所以，用锡做内部涂层的锅具，看使用状况的不同，一段时间之后就要重新钣金一次，也就是再送给专业人员做一次锡涂层，家用为5~10年，商用大约一年，如果遇到粗心的人，那就是一次。

induction 就是电磁炉的代号

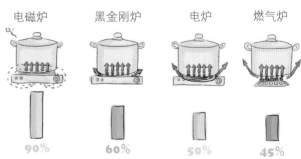

不同炉具的加热效率比较

电磁炉	黑金刚炉	电炉	燃气炉
90%	60%	50%	45%

世界名厨们爱不释手的铜锅

1970 年左右，比利时隼铜锅研发出新的专利技术，将很薄的一层不锈钢，用高温高压分子技术，和厚厚的铜紧密结合在一起，制造出导热效率高超、锅面又稳定的铜钢双层金属，并号称终身保固。专利权结束之后，慕菲与布及等锅厂都开始参考隼铜锅的铜钢技术。铜与不锈钢结合的复层锅具兼具其导热快与稳定的优点，并一举除掉锅面锡涂层百年的缺憾，让世界名厨们大开眼界，爱不释手。

3 家铜锅大厂各有各的铜钢结合技术，导热性与均匀度其实大同小异，连价格都差不多。各家差异特性比较如下：

慕菲

1830 年慕菲创立于法国诺曼底。公司擅长营销，也因此知名度大增，产品较多元化。铜锅外层抛光，锅面不锈钢则未做抛光处理，考量售价偏高因素，所以也生产较便宜的铜锅系列，主要是把铜的厚度减少，从一般的2.3 mm 左右的铜减少0.5 mm。重量减轻，价格降低，号称加热快一点，但是热均匀度会稍逊，说便

宜，薄铜锅系列也没便宜多少，但是减轻的重量对烹调顺手度来说倒是优势明显。只是实际用起来薄铜锅实在没有厚的好用，热度不够均匀。选择的时候可以考量自己的烹调习惯，选择以重量、顺手程度或是导热性能为主。

再者就是锅柄，有一个铜柄系列，其实想想也知道，铜既然导热那么好，铜柄跟铜锅的温度应该就会很接近，所以烹调时铜柄温度甚高，不小心很容易烫到。如果有其他选择，不建议为了价格优势选择铜柄锅具(青铜例外)，以免后悔。

另外还有一个系列铜锅，遵循古法制成，保持内部的锡涂层制作方式，也有些地方误称为马口铁(镀锡的铁)，拥护者以导热性为主要诉求(其实锡导热不比不锈钢好到哪里去)，并认为几年重新涂层一次不是问题。但是本地的消费者真的要很小心，先前提到锡涂层的重要问题，不耐高温，会磨损，等到重新涂层的那天，消费者愿不愿意再花一笔钱跟时间来耗。即使愿意，锅具传给下一代的时候，他们有没有这个精力处理重新涂层的事，需要仔细考虑。

布及

布及创立于1814年，地点与慕菲同样，也在法国诺曼底，时间比慕菲还要早。布及的市场主要是大型饭店餐厅，也可能因为这样，所以知名度在欧洲专业厨师领域比较高，而且合作对象也都是比较高档的星级餐厅或饭店机构。

布及明确表示并非以个人或一般家庭使用为目标，但是铜锅内外层都做抛光处理，成为很多人用来炫耀的奢侈品。外层光亮美丽的程度，重现了唐太宗以铜为镜的景象，而内层也因漂亮的抛光处理而具有不粘锅的特性，亮丽实用是布及铜锅的最大卖点。

图中朦胧的牛排，实际上是铜锅反射的影像

抛光不锈钢锅面反射的影像

隼铜锅

隼铜锅是比利时的公司，而比利时正是生产很多高档锅具的地方。大家可能没有听说过这家铜锅厂，因为这家锅厂就像法拉利车子一样，限量生产制造，巧妙融合高科技与传统技艺，铜锅年产量只有10 000个左右，一出厂就被欧美厨师拿走了，所以相对的在一般消费者间的知名度也比较低。但在世界级厨师，尤其是铜锅爱好者中，享有很高的知名度。

考量实用与保养兼顾的铜锅表面

这家锅厂以实用性为主要考量因素，所以只生产厚重的铜锅，也为了保养问题考量，所以将外层的铜做消光处理。这样一来，铜锅氧化难保养的问题基本解决，也就是说铜锅外层很少需要铜油打磨，一样能保持铜的质感。另外一点，隼铜锅号称导热性能比其他铜锅更佳，经过非正式测试，发现相同条件下，隼铜锅的确可以更快将水煮滚。若不是制造技术真的比较好，则应该归功于设计良好，同样容量的锅具采用较大的底部面积，吸热当然快一点了。

隼铜锅锅面不锈钢处理技术也了得，看似粗糙的不锈钢面，搭配铜的绝佳导热性，实际用起来确实有不粘的特性。而一般不粘锅的不粘效果会随时间而变差，不锈钢锅面却没有这问题，不粘特性可以保持非常久，远远胜过不粘锅。

从各方面可以看出这家铜锅厂是走实用而不是展示路线，设计都是站在厨师的角度出发的。布及与隼铜锅的锅缘都做了唇形处理，所以倒东西的时候不会乱滴。除非锅里的东西不用倒出来，这个贴心设计也是很多厨师选择锅具的考量之一，但是锅缘若没做好，时间久了难以保养反而会藏污纳垢。

以上三种铜锅都是为专业厨师设计的，也就是耐用三代非诳语，不过度包装（几乎没包装），非常重手，以锅加上食物重量，说不需要买哑铃练手臂绝不夸张。

最重要的是，对热的反应快速，省时省能源爱地球。

不过大部分铜锅并不适用于电磁炉，下决心购买之前要先弄清楚状况。无论如何，选购前要考虑清楚自己需求，才知道钱往哪里花会比较值得。

有锅唇的锅，倒东西很好控制

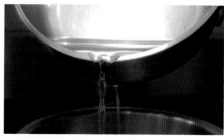

没有锅唇的锅，倒东西会往后流

设计欠佳的锅唇，容易藏污纳垢

铜锅的保养

　　清洗铜锅表面其实很简单，只要用专用清洁剂，很容易就可以恢复铜锅闪亮动人的外表。

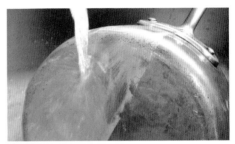

冲干净

冲水

马上擦干

抹清洁剂

打磨

TIPS

流传在厨师之间，
在家可以自制的铜锅清洁剂

　　将1：1的盐与面粉，加入白醋搅拌成糊，就可以当成铜锅清洁剂使用了。这个偏方流传在厨师之间，简单、方便好用，有兴趣的不妨试试。

铜锅让烹饪更完美

有人买锅具以美观为考量因素，有人以高性能为考量因素，但是价格还是大多数人的第一标准，所以消费者应考虑自家厨房炉具、经济状况、烹调习惯。如果真的很爱烹调的人，应该认真考虑使用铜锅，再不然至少也要像欧克蕾或SPRING等级的不锈钢锅。如果真的以经济为主要考量因素，那就可以考虑铁锅。

如果考虑保养、实用性以及性能表现，铜锅以隼铜锅为首选；不锈钢锅可以选外层是阳极涂层的复层金属锅。我自己最喜欢欧克蕾的第二代阳极涂层系列(LTD-2)，用起来最顺手，除了涂层比不锈钢还硬之外，黑色表面光滑耐刮耐磨好清洗，还可以放进洗碗机，改掉了第一代(LTD)无法用洗碗机的缺点，加上酷酷的外表，是爱煮菜却懒得洗锅的人的最好选择。

内外皆美的铜制平底炒锅

高效率铜制酱汁锅

新一代外表涂层，清洁容易

在此有个真心的建议，为了消费者自己好，真的要避免选择价廉质轻的不粘锅。广告上说只要买了某某锅做菜马上变好吃，那是不可能的，多练练自己厨艺会比较实际一点。不管锅具外表涂得多漂亮，廉价的不粘锅都会是厨房里最难用的器具，而且不小心使用还可能对身体有害，我们应该为自己与家人的健康做长远打算。

西方厨师有句俏皮话"Copper completes the cook!"，意为铜锅让厨师烹饪更完美。这或许是厨师们酒后的夸大之词，但是下次留意一下，去掉帮别人代言的国际名厨，几乎没有哪个名厨不爱用铜锅的。日本铁人料理节目就经常见到铜锅，有些欧美名厨电视上拿的是代言的全新锅具，私下爱用的却是身经百战的铜锅，就像是常胜将军要论功行赏的时候却没份，要打硬仗了却被委以重任一样。虽然每个人消费习惯不一样，但是真心喜爱烹调的人，可以考虑像我一样，省下一次换手机的花费，去体验铜锅的美妙。

调味料之王——盐
King of All Spices—Salt

如果烹调的时候只能选择一种调味料，盐一定是我的首选。说实在的，烹煮食物的时候，真正需要，不可或缺的调味料，也只有盐！

盐的角色很巧妙，不像其他调味料，甜、辣、酸、香，都是用力表现自己，并设法盖过其他味道。但是盐，本身这么重要，唯一少不了的东西，却是默默地提升其他好气味，同时压抑不好味道，就像一块成功的牛排，背后一定有默默付出的盐一样。

对我来说，牛排最好的调味料就是"盐"。

最纯粹的味觉

人的味觉中，酸、甜、苦、辣，都可以从各种不同的食材或成分中获得，唯独咸味，只能从盐，也就是氯化钠中才能得到。还有，不知道大家有没有注意到，盐是动物唯一可以直接吃而且爱吃的石头。

盐一直都是珍贵又重要的物质，人体少了盐(电解质)，身体作用马上失调，甚至连站立都会有困难，动物的味蕾会本能地带着动物寻找这一味元素，所以古今中外执政者有志一同，对盐来课税，这是最稳定的税收之一。近代技术进步，盐的制造成本更低，取得也不再像早期困难，现代饮食强调的，反而是以少盐饮食为主要诉求。

不过若觉得"食盐"过多有害健康，罪魁祸首常常不是自己煮饭时放了过多的盐，而是在现成食物中摄取过量的盐，像罐头、快餐、外食，讽刺的是这居然已成为多数人盐分获得的主要来源。

靠山吃山，靠海吃海。大陆型国家食用岩盐，海岛型国家食用海盐，以前可以这么说。因为海盐需要人工劳力，比不过岩盐洋枪大炮的开采方式，所以现在台湾大部分的盐都是从外国进口，而不是在海边用太阳晒海水晒出来的。

颗粒粗细、结晶、添加物、矿物质，都会赋予盐不同的风味与特性，用在各式烹调上更有不同的美味效应。

盐的种类

海盐 (sea salt)

海盐具有天然矿物质，可以衬托出食物美妙多元的口感。

海盐从海水表面开始结晶，刚结晶是白色的，沉入水中接触底部泥巴就变成灰色。法国某些地区采盐，趁薄薄的结晶还没有下沉就耙起来，脆弱的结构采收起来更加困难，不过取得的盐色泽白净，加上海水的特殊风味，价格自然较高。海盐的特性较不耐高温，所以适宜将海盐用在料理完成的食物上，不但可以尝到特殊的味道，还有吃起来脆脆的特殊口感，会比烹调前使用来得恰当。

盐之花 (fleur de sel)

提起盐之花，是很多美食饕客不可或缺的调味，有人甚至以"盐之精品"来定义它。盐之花之所以价格不菲，除了它本身的近白色而半透明的结晶，比起一般盐更细致洁净之外，很大的因素来自采收时天候的限制，温度太低或太高都不行，因此采收不易。可能法国的海水比较有味道，所以当地的海盐、生蚝，都因为海水

特殊的风味受到不少人喜爱。仔细尝尝，可以尝出海盐真的有些特别的味道。另外要特别提醒，不要高温长时间烹煮盐之花，最好直接撒在完成的食物上，才能确实体验一下外国海水独特的风味。

岩盐 (rock salt)

岩盐多用于工业领域，可用于食用的比例较低，但即使比例较低，它还是制作食盐的大宗原料。山中土里挖出来的盐，必须经过饱和食盐水洗净、电解等处理才能食用。现代科技可以提炼出高纯度盐，只是盐要做成什么样子、什么味道，都是以市场消费需求为导向。一般耳熟能详的夏威夷黑盐、红盐，其实也是人工加料做出来的，其他如炭香盐、香草盐、熏烤盐等各种风味盐，也都能调制出食物不一样的口味。

净化盐 (kosher salt)

净化盐又称犹太盐或祝祷盐，是用于制作犹太教净化食物 (kosher food) 专用的盐，由于精纯无杂质，附着力强，以及各项特殊的特性与口味，很适用于烹调食物。净化盐的味道会比一般精盐来得咸，但是后劲散发出来的却是甘甜味，颗

粒较粗，不粘黏结块，适合手指搓拿，是众多欧美厨师料理的不二选择。就像韩国电视剧《大长今》里面提到的，好的盐含嘴里会回甘，不好的盐会有苦味，净化盐就是会让食物甘甜的幕后英雄。

精盐（table salt）

一般精盐因为颗粒较细有结块问题，必须添加抗结块的物质，有些还会添加碘或特殊秘方，味道较难稳定一致。细小颗粒虽有利于快速溶解，却不利于烹调时均匀分撒，所以一般可以运用的地方是在餐桌上，因为食物已经上桌，再调味时需要快速溶解。不过若是要选择有个性的餐桌用盐，还不如选择海盐或岩盐，当场研磨更有噱头。

盐只要烹调得当，可以抑制味蕾不喜欢的像苦、涩、臭等味道，同时很神奇地提升人类喜爱的甜、香等气味，像在很多糕点甚至甜点制作中都会放盐，其他特殊功能先不说，就是这个道理。但是使用过度，就会造成苦咸的感觉，所以使用盐调味的烹调原则，应该以提升美味为主要目的，让人感受不到"咸"累积在味蕾的沉重口感，这就是烹饪者的美味秘诀。

盐之花

净化盐

净化盐（左）与精盐颗粒比较

2

牛肉，味蕾的极致之旅

Let's Beef,
Let's Enjoy

回忆在美国美军俱乐部里尝到的第一口牛排的滋味，牛排安安静静地躺在瓷盘上端出来，虽然没有多余的佐料，却令我吃得大呼过瘾，原来，那才叫牛排！

牛肉，非食不可？！
To Beef or Not to Beef

"一定要吃牛肉不可吗？"

很多朋友看我如此独爱牛排料理，都会在心中打个问号。尤其在瘦肉精*事件发生后，许多人闻"牛"色变，连牛肉面都不敢吃，更遑论到牛排馆好好享受一番了。**其实我想借这件事再一次分享饮食的正确观念——再好的东西都不要一直吃，食物应该要轮替着吃。采买食材除要注重来源之外，也要多几家厂商选择，或多几个信赖的品牌，换着来源购买食物。**原因很简单，市面上几乎找不到完全无毒的食物，这并不是生产商的问题，而是整个社会结构所产生的现况——只要吃东西，其实或多或少就有风险存在。

一旦了解根本的问题，建立正确的饮食概念，就不会因为认知不清而陷入无谓的饮食恐惧，演变成"这也不敢吃，那也不能吃，到底还能吃什么"的困惑与无助。因为忙碌的现代人多半依赖便利的外食，所以更要学会如何在这样的饮食环境下自保，一旦你学会如何更关注食物相关的知识，便能安心地享受美味，不会只是消极地跟着恐慌，或是消极地抵制。

牛肉的营养价值

人类最原始的饮食中，获取蛋白质和铁质最快最丰富的来源就是动物肉类。早期人类曾因为农业发展改变猎食动物的习惯，所以人体因为缺乏蛋白质与铁质而导致体格健康衰退。人类大脑的比例比起一般动物要大得多，但是就像超级跑车一样，引擎愈大耗油愈多，所以要维持这个大型大脑正常运作不是便宜的事：人类要摄取更多的养分。

牛肉高蛋白，肉中富含多种氨基酸和矿物质等多种营养，除此之外"好消化"也是牛肉众多的优点之一，所以在发达国家牛肉已成为主力肉品，影响多数人的饮食形态。甚至曾有营养学家指出牛肉是能养生的优质肉品，可以搭配其他食材食用来调整体质。在中国，更是把牛肉当成治病的药引良方，可见正确而适量地食用牛肉对人体确实好处良多。

* 瘦肉精是 β 受体激动剂的一般通称，莱克多巴胺（ractopamine，商品名为培林）是其中的一种。许多国家准许其用于动物增加体重，提高饲养效率。

牛排独特的口感

我从父亲那里尝到生平的第一块牛排后，便注定让我往后成为忠实的牛排饕客，朋友笑我放着正经事不做，却跑去开一间牛排餐馆的大胆行径，事实上我只是想将我所尝过的美好的牛排滋味，分享给喜爱牛排的饕客们。

让我们回想一下，就在居住的地方，附近可能就有牛排馆，而且到了一些重要节日，通常都是吃牛排当作大餐庆祝，感觉上这好像变成了习惯。牛肉在中世纪就是欧洲王公贵族们在特殊的宴会上享用的高级肉品。而在美国，牛排更成为美国人心中不可或缺的料理，不管任何场合都想要大快朵颐。

牛肉之所以受大家喜爱，除了养分之外，就是香味了。人的味蕾可以带领人们追踪和辨识动物食品营养来源，不同食物可以引起味蕾的不同反应，而肉类，尤其是生肉，几乎能够唤醒所有味蕾细胞，带领人类四处运动繁衍，这是人类的天性与本能，与生俱来的生化作用与生存匹配。烹调牛肉过程中可以产生超过300种的香气，不同的牛肉品种、等级与部位都

有不一样感觉，放进嘴里产生更多的化学变化，如果再搭配其他食物，变化无穷无尽，后劲无边无界，每一次、每一口都不相同，这就是牛肉跟味蕾的关系。

牛肉的口感会因为产地及饲养方式的不同而有所差异(后面的章节另有详尽的介绍)，其脂肪油花也决定了肉质的滑嫩度，再搭配不同的烹饪法及酱汁更有不同的诱人风味，所以爱吃牛肉的食客们会一吃上瘾，甚至从一开始全熟而到后来的五成熟及三成熟。许多人之所以非"牛"不可，就是单纯地追寻美味而已。

牛肉好营养
Nutrition

铁——1份牛肉=14份等量的菠菜

铁在人体微量元素中，是重要性与分量双料冠军，所以人体缺乏铁质，几乎就是缺乏营养的代名词。铁质会从人体流失，流失量因人而异，女性又比男性流失更多，所以日常生活中应该持续适量补充铁质。

日常饮食中吃下肚的铁质并不是百分百吸收的，饮食提供的铁质分为血铁质与非血铁质两种，简单说就是肉类提供的血铁质与植物提供的非血铁质。动物提供的血铁质比较容易为人体所吸收，吸收力是植物所能提供非血铁质的5~10倍。日常饮食中不少食物都能提供足量的铁质，拜大力水手不断洗脑，菠菜是大家最熟知的含铁蔬菜。其实还有很多铁质比菠菜更丰富的蔬果豆类，不过以提供血铁质的肉类来看，牛肉位居肉类榜首。从人体吸收力来说，一份牛肉所含的铁质，要14份等量的菠菜才能提供，如果要快速补充铁质，答对了，吃牛肉。

蛋白质——
牛肉能一次补足身体所需的养分

人，有血有肉，组成有血有肉的物质，就是蛋白质。蛋白质是组成生物体的必要成分，与细胞大小活动都扯得上关系，人体缺乏蛋白质，会导致生理上的疾病与不适。

蛋白质拆开来看是由氨基酸组成的，目前知道生物可以吸收利用的氨基酸有20种。不像植物可以合成所有氨基酸，动物因为缺乏某些特性，有些氨基酸必须靠外来食物供给，这些就称作必需氨基酸。一般人需要8种必需氨基酸，婴儿则需要更多，所以成长中的儿童，消化机能衰退的老人，都应该增加蛋白质摄取量，让身体更强壮。还有，身体要利用这些必需氨基酸，要靠淀粉类食物搭配才能合成，所以饮食均衡不偏食，才能达到最好的吸收效果。

肉、蛋、豆、奶、谷等食物都可以提供丰富的蛋白质，牛肉中含有均衡的必需氨基酸，是让身体一次补足需要的养分的最佳选择。

锌——1份牛肉=12份等量的鲔鱼

锌是人体重要的元素之一，它不仅是免疫系统的大将，也是数百种酶的成分，少了锌会很容易衍生许多疾病，除了掉发、生长问题外，最有直接关系、大家也比较关心的——男性生殖功能会下降，当然，摄食过度还是会造成身体不适。

人体正常情况下可以调节这些必要元素，但是有特殊状况(例如腹泻)或病变发生时，就会造成这些必要元素的快速流失。大家都知道红肉铁质丰富，也知道海鲜富含锌元素能让男性增强性功能，但是大家不一定知道牛肉里面含有更丰富的锌元素，例如一份牛肉所含的锌元素，要12份等量的鲔鱼才能提供，所以牛肉是快速补充锌元素的优质来源。

维生素B——1份牛肉=7份等量的鸡肉

维生素B 是人体重要的营养成分，而且因为水溶性，留在人体内时间比较短，需要不断补充，否则也会衍生一些小毛病，小毛病多了就容易成为大疾病。

维生素B 在正常饮食中一般都可以充分补足，像糙米、豆、蛋、奶、肝脏、瘦肉等都含有丰富的维生素B，但日常生活中有些习惯如常饮酒，就会导致维生素B 的大量流失，这时人体就需要更多额外的补充。一份牛肉所含的维生素B，要7 份等量的鸡肉才能提供，所以红酒配红肉，下次要饮酒，别忘了来一点牛肉，不只口味搭配，流失的养分也可以直接补充，两全其美。

其他营养成分

除了上述的养分之外，牛肉还含有磷、钙、维生素D、维生素B_3、维生素B_1、维生素B_2、硒等对人体有益的成分。简而言之，就是优质高密度营养，只要不过量摄取，牛肉是最营养的食物来源之一。

牛肉分级制度
Beef Grading System

虽然我们常常到市场、卖场和超市买牛肉，但是消费者不知道自己到底买到的是什么肉，适合怎样的烹调方式。

以前我虽然常常下厨，但是到了超市，看到各种品牌的牛肉，尤其在美国，牛肉比猪肉便宜，选择更是多样，每一块肉看起来都差不多，各部位专有名词更是复杂，想回家自己做个牛排解解馋，还真不知道该如何采买。

不是每一块牛肉，或是任何部位都适合制作牛排！更重要的，你要先了解自己的喜好，究竟喜欢怎样的口感。喜爱油花多较滑嫩的，还是喜好富有嚼劲的？价格虽然是考量的重要因素，但如果以烹饪出美味为前提就不能当成是主要考虑的因素。如果想要做块好牛排，一定要了解自己喜爱什么部位的肉，搭配什么样的做法。

牛肉不像猪肉或鸡肉的价格比较一致，差价较大，从每500ｇ几十元到数百元，其间的差异就在于牛肉等级和部位的不同，所以如果光以价格挑选牛肉，恐怕无法选到理想的肉品。

花点时间，了解一下牛肉等级部位之间的差异，才知道自己喜爱什么样的牛肉，不要老是让别人告诉自己什么肉好吃，什么肉美味，自己却没有自己的看法与喜好。

挑对食材，是烹饪完美牛排的第一步。

美国
U.S.

美国目前还是全世界最有规模的牛肉供应地区。以美国为例，2010 年牛肉总产量为1200 万吨商业用牛肉，而美国牛肉占台湾进口牛肉将近四成。

美国在1927 年由联邦政府引进牛肉分级制度，质量等级由牛肉风味(flavor)、嫩度(tenderness) 以及多汁程度(juiciness) 的综合指标确定。牛肉等级主要是由成熟度(maturity) 以及肋眼肌的油花含量(marbling) 两种因素来决定。虽然后续实验证明脂肪对牛肉嫩度影响不到30％，甚至更低，但是由脂肪分布来决定牛肉等级一直沿用至今。除了美国之外，日本也把脂肪质量列为牛肉评级的重要因素。

2个主要的决定因素

成熟度

牛龄大小会影响肉质及风味，年龄小的牛肉质软嫩，但是味道较淡，牛龄大的则刚好相反。不过不一定是味道愈重就愈好，肉质跟味道会有一个平衡点，牛龄小的牛肉味道不足，牛龄太大的则肉质粗硬。

A 级：9~30 个月龄，目前进口的美国牛肉都属A 级。

B 级：30~42 个月龄。

C 级：42~72 个月龄。

D 级：72~96 个月龄。

E 级：超过96 个月龄。

油花

早期的上等牛肉指的是油花少的肉，经过百年发展变化与实验结果，很多人认定油脂是决定肉质的重要因素，所以近代将油花列为牛肉评级时的重要参考。判断的时候是从屠体第12及第13根肋骨之间，就是肋眼跟纽约克之间切开，依切面上的瘦肉中脂肪油花含量与分布的情形分成10个等级。

油花10个等级

1级——富量（Abundant）

2级——多量（Moderately Abundant）

3级——次多量（Slightly Abundant）

4级——中量（Moderate）

5级——普通量（Modest）

6级——少量（Small）

7级——微量（Slight）

8级——稀量（Traces）

9级——几乎全无（Practically Devoid）

10级——全无（Devoid）

牛肉屠体评等分级

最具公信力、流通率最高且最广为人知的分级由美国农业部（USDA）所制定，以刚才提到的肉品成熟度及油花含量为准则，综合评鉴牛肉屠体质量等级。

牛肉屠体8个等级

1. Prime（极佳级）

2. Choice（特选级）

3. Select（可选级）

4. Standard（合格级）

5. Commercial（商用级）

6. Utility（可用级）

7. Cutter（切块级）

8. Canner（制罐级）

在生产线上，屠体牛肉被评为极佳级、特选级者，则在屠体上滚上级印；而评鉴等级为可选级、合格级及以下者通常均不滚印，总称为不滚印级(no-rolls)，这些不滚印级占所有评级屠体约一半。一些年纪比较大的老牛或质量不佳的牛，肉质粗硬上不了餐桌，几乎都只能归纳为最后三级。另外，如果发现屠体瘦肉颜色非常深暗，且有些黏着，此屠体即视为级外品，而不予评级。（资料提供：美国肉类出口协会）

安格斯认证 Prime 等级牛肉　美国第二级 Choice 等级牛肉

目前极佳级（Prime）仅占美国牛肉总产量的2%，主要供应少数高档餐厅及饭店使用，随着整体饲育技术的提升，未来所占比例有可能微幅上升。在台湾，极佳级(Prime)美国牛肉并不普遍，有兴趣的消费者可向超市询问，极少数高级牛排馆或信誉良好的网络商店也可买到，有时也有贩售干式熟成（dry aged）等级牛肉，虽然价格不亲民，却是值得尝试的特殊食材。

在这些评级之外，还有小牛(veal)这一类。小牛依照标准不同，牛龄定义也不同，一般多指尚未断奶的小牛，肉质粉白，口感鲜嫩特殊。不少厨师认为它是肉类的最佳食材，虽然也有不少厨师认为是春羊肉（3~6 个月大的小羔羊肉），如果要选择，我自己会投一票给小牛肉。小牛肉因为本身很软嫩，烹调的时候不好用按压方式来感觉熟度，如果用按压法判断，很容易煮过熟。小牛肉既可以当作红肉也可以当作白肉来料理，烹调起来变化也比较多，餐酒也可以适用白葡萄酒或红酒，是很特殊的食材，可惜在台湾非常少见，在此简单带过。

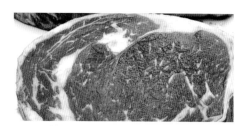

Choice 等级肉色油花

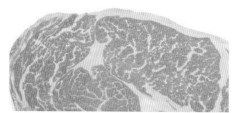

Prime 等级肉色油花

油花含量	屠体成熟度(牛的年龄)				
	A 9~30个月	B 30~42个月	C 42个月~6岁	D 6~8岁	E 8岁以上
富量	Prime 极佳级		Commercial 商用级		
多量					
次多量					
中量	Choice 特选级				
普通量					
少量		Standard 合格级	Utility 可用级		
微量	Select 可选级				
稀量			Cutter 切块级		
几乎全无					

美国牛肉分级表（美国肉类出口协会）

Canner
制罐级

日本
Japan

日本和牛是日本黑毛和种、褐毛和种、日本短角和种、无角和种四种肉牛的统称，分级制度则是由日本食肉格付协会制定，细分为15级。

和牛分级代码中，英文字母表示步留等级（yield grade，又称精肉率），用一套跟发射火箭一样复杂的公式来计算，由于计算方式跟美国不一样，所以用以下数字直接对照美国精肉标准并不公平。其中计算之后的步留等级分三等：

A = 精肉率高于72%

B = 精肉率69% 以上

C = 精肉率低于69%

（资料来源：日本食肉格付协会）

和牛肉品评鉴等级

和牛分级制中的数字为肉质等级，用脂肪混杂基准（BMS, beef marbling standard，又称霜降程度）表示，其中包含肉色（beef color and brightness）、肉质感（firmness and texture）、脂肪品质（color, lustre and quality of fat）等指标，用以交叉评鉴和牛肉品等级。

脂肪混杂基准(BMS) 数字愈大，表示综合肉质愈好。用脂肪混杂基准判断肉质好坏，会比用步留等级判断肉质好坏来得明确，大家俗称的和牛12级制指的其实只是脂肪混杂基准。但是以15级制度来看，例如和牛A5(极佳，不比照美国的极佳) 级，从8~12 级 (BMS) 都有可能，8~12 级差异也蛮大的，所以有时候用BMS 等级8 级或12 级反而可以更明确地表示等级与价格的差异。

步留等级	肉质等级				
	5	4	3	2	1
A	A5	A4	A3	A2	A1
B	B5	B4	B3	B2	B1
C	C5	C4	C3	C2	C1

根据美国研究，和牛有一个很特殊的地方，和种牛的脂肪比一般牛含有较多的不饱和脂肪，熔点低，大约只有25℃，所以不难解释和牛为什么香甜软嫩，而一般脂肪混杂基准(BMS)等级大于11级时，脂肪比例超过一半，吃起来自然是入口即化。

如果要拿和牛和美国牛肉对比，两者使用评级标准不一样，不容易做出实际对照，二者比起来也不客观。如果真要对照，在不考量步留等级（yield grade）情况下，美国特选级（Choice）比照和牛BMS等级为1~2级，美国极佳级（Prime）为2~3级，只是和牛口味更胜一筹，实在不易做出客观比较。但是澳大利亚和牛又不太一样，澳大利亚BMS 5级和牛跟美国特选级（Choice）牛肉差不多，但是甜度稍低（陈重光，2010）。众说纷纭，不管如何，最后还是需要消费者亲身体验才有意义。

等级(grade)	脂肪混杂基准(BMS)
5: 极佳(Excellent)	8~12
4: 良好(Good)	5~7
3: 正常(Average)	3~4
2: 低于标准(Below Average)	2
1: 不良(Poor)	1

澳大利亚 9A 级和牛

和牛最高级11~12级，即使在日本没有疯牛病的时候，供应日本内需市场就已经不敷所需，极少输出。由澳大利亚饲养的和牛，等级最高的也多往日本送，能够送往其他国家及地区的数量不多，加上和牛饲养需要特殊条件，无法大量生产，因此价格也一直居高不下，在台湾市场目前无缘见到。

美国与日本牛肉等级比较

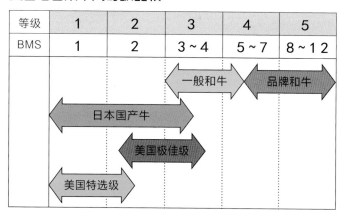

等级	1	2	3	4	5
BMS	1	2	3 ~ 4	5 ~ 7	8 ~ 12

※本表单纯用油花为基准，未列入其他因素，仅供简略参考比较。
※本表仅以日本和牛比较，其他产地和牛不适用。

加拿大
Canada

加拿大牛肉目前占台湾进口牛肉约3%，比例并不高，分级制度基本上与美国牛肉类似。二者最大不同在于，美国以油花及牛龄为主，加拿大则比较复杂，除了油花及牛龄之外，还加上肌肉状况、肋眼肌状况、油脂颜色及油脂厚度四样标准，由加拿大牛肉分级局执行，共区分为14级。

以加拿大标准，比较适合餐点制作的牛肉，大概有四级：

（1）Prime
（2）AAA、AA、A

加拿大也有一套类似美国的分级标准，如果与美国农业部制定的分级标准相比，大致上对应如下：

加拿大	美国
Prime	最低的 Prime~Choice
AAA	Choice
AA	Select
A	Standard

（资料来源：加拿大牛肉分级协会）

不过虽然参考了美国评级制度，加拿大牛肉还是有自己的标准，上表只是粗略的参考对比，不要拿来作为正式的比较。

要选择加拿大牛肉做牛排，在此建议选用AAA级以上或Prime级比较适合，做起牛排来会比较软嫩。

澳大利亚
Australia

澳大利亚牛肉占台湾进口牛肉超过30%，主要以性别与牛龄分级，牛龄不像美国用骨龄判别，澳大利亚牛是以恒久齿数量来判断，这两种方式都不是实际追踪牛龄，而是以牛只或屠体呈现状况来判断。虽然澳大利亚牛肉也有按照肉色、脂肪颜色、油花分布与脂肪厚度来分类，但是在实际购买的时候，并不容易见到以上的分类，最常看到的就只有部位的区分。

一般认为，美国牛是谷物饲养的，澳大利亚牛是草饲养的，不过这样的说法只是个大概，并不够精确。因为顺应市场需求，澳大利亚近年来也发展有谷饲牛肉，超市货架上就可以看到标识。如果标识够详细，其中GF 100，GF 代表的就是谷物饲养（grain fed），数字 100 就是屠宰前谷物喂养 100 天的意思，谷物饲养天数愈多，价格就会愈贵。但同样是GF，却不要用GF 来判断美国牛肉，因为美国有些标榜自然的草饲牛（grass fed），英文缩写也是GF，所以GF 目前在台湾主要用来标示澳大利亚谷饲牛肉，不要混淆。

澳大利亚牛肉等级分类

2种基本分类
(basic categories)

A—beef：
肉牛级，母牛或是阉牛，如果是阉牛不能有第二性征，有0~8颗恒久齿的都可列入。

B—bull：
种牛级，无论阉割与否，展现出第二性征 的公牛*，有0~8颗恒久齿的都可列入。

* 第二性征的公牛，就是有明显的肩颈部肌肉与生殖器官。

10种详细分类

(alternative categories)

YS—yearling steer:
约18个月以下，无恒久前齿公牛。
Y—yearling beef:
约18个月以下，无恒久前齿公牛及母牛。
YGS—young steer:
约30个月以下，0~2颗恒久前齿公牛。
YG—young beef:
约30个月以下，0~2颗恒久前齿公牛及母牛。
YP—young prime beef:
约36个月以下，0~4颗恒久前齿公牛及母牛。
PRS—prime steer:
约42个月以下，0~7颗恒久前齿公牛。
PR—prime beef:
约42个月以下，0~7颗恒久前齿公牛及母牛。
S—ox:
约42个月以下，0~7颗恒久前齿母牛。
SS—ox-steer:
年龄不限，8颗恒久前齿公牛。
C—cow:
年龄不限，8颗恒久前齿母牛，所谓年龄不限就是老牛也可以列入的意思。

（资料来源：澳大利亚肉品局）

恒久前齿数量愈多，基本代表牛愈老，牛愈老肉质就愈粗硬，尤其48个月以上的老牛差异更明显，所以澳大利亚牛肉并没用油脂状况作为主要参考，而是用牛龄与性别作为分级依据。

澳大利亚牛肉不管是基本分类或是详细分类，对消费者选购牛肉来说并不容易作为判断依据。其中要注意的是，消费者如果看到货架上的澳大利亚牛肉是"PR"等级，并不能比照美国Prime等级牛肉，澳大利亚的PR比较接近"主要的"（Primary）的意思，美国PR代表的是"最高级的"（Premium）的意思。因为单从字面不好判断，所以不宜从标识来决定想购买的澳大利亚牛肉。消费者不妨从肉色、油花来自行判断：肉色较粉红，油花颜色较白而且分布较均匀的，就是消费者可以选择的肉。

澳大利亚也产和牛，品质跟数量也都不差。澳大利亚和牛外销日本时，出口商会用日本分级方法标示，分级方式可以参考日本和牛分级标示。

新西兰
New Zealand

新西兰牛肉目前占台湾进口牛肉约20%，主要标榜天然、草饲、低胆固醇特性。由于目前尚未受到疯牛病和口蹄疫的威胁，纯净无污染成为其主要卖点之一。分类标准由新西兰肉品局制定，目前分为：

（1）阉牛或未受孕过的母牛(PS)——肉质好、价格高。

（2）16~24个月种公牛(young bull)——价格居次。

（3）母牛(cow)——脂肪色泽偏黄，肉质精瘦，价格"平易近人"。

（资料来源：新西兰肉品局）

除了牛种，还会将重量与脂肪质量加入分级评定标准。由于单从商品标识上不容易判断肉质或等级，所以选择新西兰牛肉时，消费者可以参考选择澳大利亚牛肉的方式，从肉色、油花和脂肪颜色等方面来选择适合自己的牛肉。

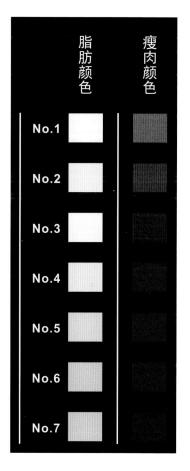

脂肪颜色　瘦肉颜色

No.1
No.2
No.3
No.4
No.5
No.6
No.7

谷饲还是草饲
Grain Fed VS Grass Fed

不管从什么角度来看，牛都应该是吃草的。

根据众多世界教父级的专家意见，最美味的牛肉其实是草饲牛而不是谷饲牛，先别惊讶，这样的观点不是出于环保或是回归自然观念，纯粹是美味。基本上，牛吃什么就会是什么味道。把牛圈养起来，也纯粹是减少运动，产生更多没运动的肉而已，所以随着现代化的发展与需求，屠宰前把牛只围起来养肥，成为牛只畜牧现代化的成果。

牛只的饲料，是供给牛的"能量"，只要给予足够的能量，基本上都能把牛养大养肥。把草料换成谷物，是因为比较简单而已，因为一般的谷物比草料甜一点，也就是能量多一点，所以容易养出甜一点的牛。大家平常吃玉米，可以注意到玉米有的甜、有的不甜，而拿去给牛吃的玉米，会比人吃的玉米质量来得低，即使如此，平均起来的能量还是比草料甚至是干草高。

牛可以吃的牧草种类很多，如果正好有天时、地利、人和，草料提供的能量，也就是甜味，并不输给质量较差的谷

类。只不过要种出甜味够的草料，要有适当的土壤与气候，有了适当的土壤，还要配合草料在最甜的时候喂给牛吃，时机一过，草就变粗硬、干涩了，所以还要依照季节变化种出不同的草料，才有可能一年四季甜草无虞。

甚至用来肥育牛只的也是草料，那养出来的牛肉风味就不会差，甚至胜过一般谷饲牛。只是要这样养出来的草饲牛，成本和失败率都高，又需要高度专业知识，不容易大量生产。比较可行的方式是，在肥育关键期间，用最甜美的草料来饲育，或是草饲期间偶尔搭配谷物饲养，同样可以养出肥美的牛。而以自己的经验，有些优质的草饲牛确实有一般谷饲牛没有的特殊风味与口感，而且没有一般印象中草饲牛的腥味。

不过吃草的牛，脂肪颜色偏黄且瘦肉多，虽然跟牛肉风味关系不大甚至吃起来更健康，但是卖相欠佳，而且这样的标准在美、日牛肉评级制度中只能拿低分，这也是为什么谷饲牛比较容易被世界大众接受的主要原因，纯粹是供需决定而已。

牛肉产区、
品种与部位
Beef Origins,
Beef Breeds,
and
Beef Cuts

世界各国各式各样的牛肉，百家争鸣，台湾市场以新西兰、澳大利亚牛肉为最大宗，美国、加拿大次之，台湾牛肉不到一成。现在网络带来的便利，在家上网就可以买到各种优质牛肉，让一般民众在自己家里就可以料理高档牛排。

牛肉产区和品种
Origins and Breeds

日本
Japan

目前世界上肉牛的品种有近百种，而且每个品种都宣称自己是最好的牛肉，但是能够获得世界公认且历久不衰的，日本和牛为首选。

世界各国各式各样的牛肉，百家争鸣，台湾市场以新西兰、澳大利亚进口牛肉为最大宗，美国、加拿大次之，台湾牛肉不到一成，另有很少数其他国家的进口牛肉。如果在台湾市场上看不到，不需要费心寻找，但是只要是台湾市场有机会获得的优质牛肉，不妨找机会尝试看看，体验各种不同肉品的口感。现在网络带来的便利，在家上网就可以买到各种优质牛肉，让一般民众在自己家里就可以料理高档牛排。

日本和牛（Wagyu, Japan）

和牛一直都是高级、味美牛肉的代名词，其中最有名的神户牛，品种是和牛4个品种中的黑毛和牛。

所谓的神户牛或松阪牛，指的并不是品种，而是日本有几个地区养的和牛质量特别好，这些特别挂上产地的和牛，就像池上米、香槟、蓝山咖啡一样，已经演变成一种饲育及筛选标准，也是和牛质量的金字招牌。

和牛最早并不是养育来吃的，就如亚洲社会一样，和牛在日本是帮助农人耕田的。据比较可靠的说法，大约在1868年，日本神户开放为国际贸易港，这是日本跟外国交流的开端，一位英国人在神户品尝到日本人用来耕田的但马牛*，直称是上天赐予的美味，留下深刻印象，但马牛的美味也因此流传开来。后续到神户的外国人，更直接指名要购买但马牛，但是但马牛没有神户牛好记，所以外国人干脆直接以地名——神户牛(Kobe beef)来称呼这种天赐美味牛。

* 但马牛（Tajima），是黑色和牛中最著名的品种。

美国总统奥巴马在2009年访问日本的时候，还指明要品尝神户牛的美味。甚至美国职业篮球巨星科比（Kobe），之所以取名为Kobe，就是因为他父亲品尝过神户牛肉之后感动不已，干脆用菜单上Kobe的名字来替小孩子命名，好好纪念这一方美味。

和牛早期并没有很明确的定义或基准。以知名度最高的神户牛为例，严格来说，要认证为神户牛，牛只必须是日本兵库县内的但马纯种牛血统，在兵库县内指定的注册会员生产、繁殖、育肥，并且在兵库县内指定的肉食中心屠宰贩卖，而且还要达到以下标准：

（1）母牛屠体重量230~470kg，未生育过；公牛屠体260~470kg，未阉割。

（2）脂肪混杂基准(BMS) 6级以上。

（3）步留等级(精肉率) A、B以上。

（4）牛只不能有任何瑕疵（出血、伤口、水肿等）。

至少符合以上标准的牛，才能挂上神户牛的招牌，所以神户牛的评定基准被认为是日本最严格的，也因为标准严格，所以产量极少。神户每年仅能生产约5 500头但马牛，其中只有3 000头可以被评定为神户牛，占日本市场约万分之六。而且都会有血统证明书证明牛肉出处，比起美国一个牧场就有近百万头牛产量，能挂上神户招牌的牛实在少之又少，也因为这样，价格不但降不下来，也没办法向国外输出。所以即使和牛没有禁止进口，台湾饕客也不见得有机会品尝到真正的神户牛肉。（资料来源：神户肉流通推进协会）

神户牛肉分级标准

BMS	1	2	3	4	5	6	7	8	9	10	11	12
油花标准	0	0+	1−	1	1+	2−	2	2+	3−	3	4	5
等级	1	2	3		4			5				
						神户牛						
		但马牛										

大厨眼中的世界美味

如果有机会选购和牛，产地招牌只是保障屠体的最低标准，例如神户地区产的牛肉，脂肪混杂基准(BMS)从1~12级都有，而且日本还有其他地方饲养的和牛质量也不差，像松阪、近江、米泽等，所以产区仅供参考并非选购重点，主要还是得看和牛等级与部位。

很多西餐厨师都说世界三大美味是鹅肝、松露、鱼子酱，不过说实在的，这样的说法应该是出自西方人的观点。近来也有人认为和牛应该加入世界美味的行列，而且位置不会比前三者低，美味程度不输给法国人眼中的至宝。少部分有反对意见的人多半是觉得和牛油脂稍多了，甜嫩则是没话说，所以和牛是我个人强烈建议值得尝试的美食。如果世界四大美食只能挑一种享受的话，我会选择和牛。

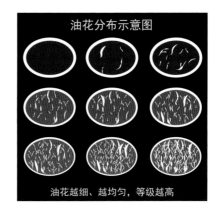

油花分布示意图

油花越细、越均匀，等级越高

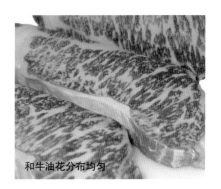

和牛油花分布均匀

美国
U.S.

不像我们一般所想象的，牛只在一个牧场里面出生、长大、育肥，然后接着屠宰的程序，美国肉牛养殖规模庞大，高度分工。分工的方式，就是繁殖牛的管繁殖牛，仔牛养育的专门养小牛，养肥的专门养肥，宰牛的只宰牛，卖牛的就好好卖牛，各司其职。

美国食用牛肉生产和消费的几个阶段

1.母牛小牛育成

利用牧草养育母牛，来专门生育小牛，并养到小牛断奶，大约6个月大，100~270 kg，再转卖给仔牛养育商。

2.仔牛养育

买入断奶的小牛，利用牧草地放养小牛，并补充饲料及养分，养到12~14个月大，300~400 kg，再转卖给肥育商。这个阶段的饲育，美国充分利用其地大物博之利，赶着牛群逐水草放养，也就是换着山头吃草，让草地有机会静置、生长，提供牛只源源不绝的新鲜草地。很多的牧场到现在都还保有这种传统的放养方式，就像在电影上看到的景象，牛仔骑着

马驱赶着牛群，一个山头过一个山头，天空地宽，风餐露宿，原始又粗犷。

3.肉牛肥育

买来仔牛通常在大圈饲栏中肥育，每日2~3次喂食玉米，有时掺喂其他的谷物、玉米青贮料、维生素及补充料。

以这样的高能饲料加上少量运动来养肥肉牛，少则90~140天，最多可以超过一年，牛只到达16~20月龄并达500~600 kg体重。这个阶段的肉牛肥育方式，使美国所产的牛肉质量异于其他产牛国。玉米本身就是甜的，所以牛经过这几个月的换血，其产出的肉质柔嫩，多汁无草腥味，并且富含香醇的牛肉风味，这也是美国牛肉所独有也最标榜的特质。

不过谷饲既然是一种方式，其他地区也能够做得到。澳大利亚也有标榜谷饲的牛肉；欧洲则是两种方式都有，各有所长，有些牧场则是混合着使用，养出的牛肉质也不差；日本和牛这个阶段则是精致地用更优质的玉米、小麦与稻草养出甜美的肉质。同理，美国也有草饲牛，同样标榜自然、健康、低脂，只是数量比较少，成本也比较高。

第二次世界大战之前，美国牛都是终生吃草的，之所以用谷物喂养，主要是美国牧场大量生产牛肉所发展出来的系统，用这样的方式比较适合现代牧场饲养肉牛。再者，最后阶段喂上几个月的谷物，可以让牛只快速增肥长大，产生甜美多汁的牛肉，至于有些牧草中特殊的养分，则是添加在饲料中直接补充。

4.屠宰

肥育成的肉牛由肥育商售给屠宰商，所有商业屠宰场屠宰的牛只均须经由美国农业部兽医人员的检视，其中不适合食用的牛只在屠宰前及屠宰的过程中淘汰并销毁。较具规模的屠宰场每小时可屠宰300~400头的牛只，大约是每天5 000头的规模。

屠宰之后屠体至少经过24 h的冷却，使屠体的大腿中心温度降至约5℃，这时候从屠体的第12和第13肋骨间将其切开，从这里的切面评定屠体的质量等级。评级后的24~48 h，屠体再移至分割区分切。

5.分销渠道

在美国，大部分的牛肉是从饭店及餐饮业的渠道售出。美国牛肉多采用真空包装，利用低温（0~1℃）加上真空包装控制细菌，可以在运送过程中完成熟成的动作。其中送到台湾的牛肉，占台湾牛肉市场将近40％，也多由饭店及餐饮业者售出。

6.消费者

消费者除了可以在市场上买到牛肉，网络的便利增加了购物方便性与多样化。除了自己料理，消费者也可以选择在自己喜爱的餐厅或饭店享用美食。

在消费者意识渐渐增强的情况下，牛肉供应商必须生产更安全美味的肉品，餐厅菜单也要明确注明产地和等级，才能获得消费者的青睐。

美国肉牛品种

美国肉牛品种有数十种，味道都不差，养育方式也不像传说中的全部都是谷饲，部分农场也标榜草饲。众多美国肉牛品种之中比较值得一提的是安格斯。

安格斯（Angus）

安格斯品种的牛，尤其是亚伯丁安格斯(Aberdeen Angus)，是目前世界上最成功的牛种之一。

安格斯有亚伯丁安格斯与红安格斯(Red Angus)两个品种，最早的安格斯是红安格斯而不是现在家喻户晓、如雷贯耳的安格斯黑牛。红安格斯是一种没有角的中小型牛，在8世纪被引进到苏格兰地区，跟当地的有角黑牛配种之后，生出无角黑牛，就是现在的亚伯丁安格斯黑牛。因为基因的关系，经过千年的杂交配种，颜色基因较强的安格斯黑牛取代了红安格斯牛成为安格斯牛主流派，所以现在红安格斯牛反而比较稀少，但是也代表着血统比较纯正。安格斯在1873年左右被引进美国，刚开始美国人对这种黑色、没有角的牛持怀疑的态度，后来经过跟美国其他牛种混血5年之后，于1878—1883年发展成为一个主要的肉牛品种。

安格斯牛以美味、多汁著称，美国

在20世纪也成立不少安格斯牛的相关协会，其中的安格斯认证协会（Certified Angus Beef LLC）就是大家耳熟能详的一个。该协会标榜的是：除了美国农业部（USDA）规范的分级之外，再加上协会更多的检验标准，用来排除乳牛、老牛、过肥过瘦、受伤生病等不良肉品。也因为更高的要求质量，让安格斯认证牛肉（CAB）的不良率保持最低，成为美国一般市场上所能见到的最优质的牛肉。

安格斯认证协会颁发的授权书

安格斯牛

安格斯认证在遵循美国农业部母法规范之下，总要定出更高的标准才有卖点，两者等级比较如下图所示。比较有趣的是，对于第一级牛肉，二者英文同为Prime，但是中文正式名称，USDA的Prime翻译为极佳级，CAB的Prime则翻译为特优级，就是要有比一般美国牛高那么一级的感觉。而安格斯牛既然是品种，那就不是一定美国才有，即使美国的安格斯牛，也是从欧洲体系带过去的。世界各个地方都可以养安格斯牛，好坏差别而已。以台湾市场为例，澳大利亚进口牛肉中也有安格斯牛，不过饲养的系统与分级制度不一样，出来的质量也不完全一样。也许因为安格斯的名气与质量，成为很多人竞相仿效的目标，但是要成为美国安格斯认证协会的认证餐厅，是必须通过该协会严格的筛选并具备条件才能够加入的。即使成为该协会的认证餐厅，如果控管欠佳未达标准，随时都可能被撤销认证执照。可以看出该协会在维护名声与质量方面的努力，重质不重量，也难怪市面上真真假假，大家都喜欢打着这招牌招揽牛排爱好者。

安格斯认证牛肉与一般美国牛肉的对比

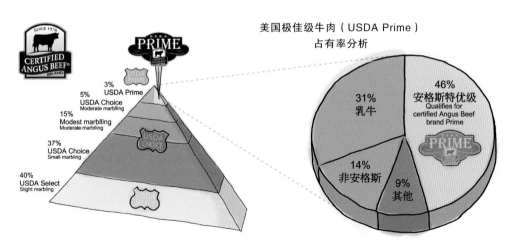

（图片提供：美国安格斯认证协会 Certified Angus Beef LLC. All rights reserve）

美国和牛(American Wagyu)

连美国人也不得不承认日本和牛味道胜过美国牛，美国从20世纪开始引进和牛，对和牛所做的研究也不少。

最早在1976年，美国虽然引进4头和牛，但却不算是正式饲养，一直到1993年，2头黑色公但马牛跟3头黑色母但马牛引进美国，隔年再加码35头和牛，正式开始美国和牛饲育之路。美国和牛大部分是由公和牛与母安格斯黑牛配种，再复制和牛的饲育方式，而成为美国和牛，血统则按"F1(第一代)-50%，F2-75%，F3-87%"的方式标示出来，也有极少数保持100%纯种和牛，都通过DNA严密追踪监控。美国和牛在美国并没有独立的分级制度，跟澳大利亚一样都是直接采用日本制定的分级标准。台湾市场上一般美国和牛以BMS（脂肪混杂基准）来看的话，大概可以比照3~7级标准，对照USDA定义的最高级Abundant（富量），基本上已经超越美国最高Prime（极佳级）等级。

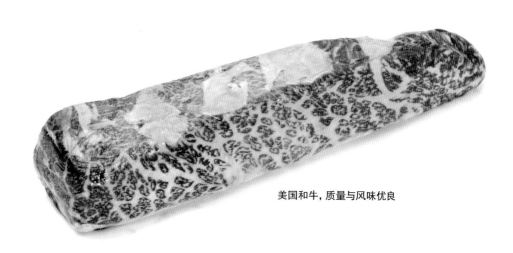

美国和牛，质量与风味优良

澳大利亚、新西兰
Down Under

澳大利亚牛种其实跟美国也差不多，安格斯品种也有，生产阶段都类似，但是饲育方式与当地人喜好的不同，让澳大利亚牛肉跟美国牛肉产生不小的差异。

草饲牛 (grass fed beef)

草饲牛标榜自然健康，牛吃了一辈子草，自然就是脂肪少瘦肉多。所以标榜天然草饲，严选饮水跟草地，低胆固醇的澳大利亚牛，当然是爱好自然健康人士的最爱。只是少了脂肪的调和，牛肉吃起来会比较干，有咬劲，就像吃纯瘦肉跟吃五花肉的感觉不同一样，也可能澳大利亚人喜欢粗犷大咬的豪迈和天广地宽的口味，所以草饲牛一直是澳大利亚、新西兰的主要产物。

谷饲牛(grain fed beef)

很多人提到美国牛喂食谷物，不自然，不环保，应该选用澳大利亚牛肉才对。只是吵闹归吵闹，真相归真相，澳大利亚也有标榜谷物饲养的牛肉，因应市场需求，总要满足消费者真正需求的才是王道。

就像美国牛，不用一辈子吃草，在最后阶段，以较甜较高营养的谷物饲养，生产肥美柔嫩的牛肉。

澳大利亚谷饲牛的发展是近年来的事，起步较晚，技术与经验自然较少。相比美国的大量生产，澳大利亚谷饲牛因为生产成本关系，目前比美国还贵不少。而且按照谷饲天数不同，如果要比照美国牛相同谷饲天数，价格高出甚多，加上喂养的技术与饲料不同，虽然尝起来都没有明显牧草味道，但是个中差异在饕客舌尖上还是有高下之分。

澳大利亚和牛(Australian Wagyu)

澳大利亚从1990年接收第一批母和牛基因，开始了漫长又昂贵的和牛培育养殖。因为当时没有从日本直接引进纯种和牛的门路，所以1991年澳大利亚通过美国绕了一圈引进冷冻精液与胚胎，间接把和牛引入澳大利亚。

再接再厉，澳大利亚和牛的一个大跃进是在1997年，直接引进5头纯种和牛。听起来简单，所谓纯种和牛就是按照日本人超级标准评断，合乎纯种和牛标准的纯种和牛,这一下把澳大利亚和牛的纯度与整体和牛饲育提升了一个高度。

通过复制配种,再慢慢跟和牛纯化血统,经过几年的养殖,和牛饲育在澳大利亚获得很好的效果,和牛血统纯度可以达93%以上。如果要像日本养100%纯种和牛,依照日本的养殖方式,追踪血统,自然纯净,不添加人工养分或是抗生素,养殖速度其实很慢,日本有那么多的纯种和牛都不够,澳大利亚这5头纯种和牛如果先拿来繁殖不卖的话,牧场可能要关门好几次了,所以要在质量与数量之间取一个平衡点。如果要换成我是牧场主人,当然把这些纯种公和牛用到精尽牛亡为止,就是少量用来发展血统纯度,其他大部分

则是跟澳大利亚质量好的母牛配种,例如安格斯,而且是大量配种,然后后代再慢慢精纯血统,反正好质量和牛先保住了,剩下再来保数量,钱要先进账后续经营才能维持。

现在的澳大利亚和牛,每年出口超过20 000头仔牛,其中包括少量送往日本的100%纯种和牛,主要供应欧洲、亚洲(包括台湾)的和牛牛肉市场。

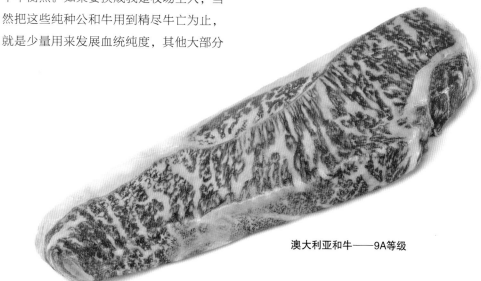

澳大利亚和牛——9A等级

中国
China

澳大利亚和牛目前并没有自己独立的分级制度，其实也不需要，既是和牛，那就用日本标准，何苦再另外发展一种标准，说了别人也不懂。在可以输出的牛肉部分，最高等级可以到达日本BMS 9~10级(请参阅日本牛肉分级制度)的标准，就够用了。

和牛提供给澳大利亚的，不止和牛本身带来的利益。因为和牛血统的大量复制，也有很大部分的和牛仔牛是内销给澳大利亚牧场养育用，几年下来已经慢慢提升了澳大利亚牛的品种与牛肉肉质，甚至影响到澳大利亚人对牛肉的口味喜好，影响不算小。

日本生产世界公认美味的和牛，而根据记载，日本的和牛是在公元2世纪左右，从亚洲经由朝鲜半岛带到日本去的。从地理位置跟气候关系推算一下，很可能就是中国大陆西北省份的牛种，只是最后由日本人发扬光大而已。

圈养牛只不是美国人发明的，中国早在春秋时代就已经有圈养牛的记载，喂食草料谷物也都有，所以中国食用牛肉历史源远流长，丝毫不亚于欧美国家，只是食用方式与习惯不同而已。

中国牛不少都是杂役、食用兼用牛，近年来也针对食用牛肉开始研究，有传统的名牛，有国外引进的名牛，也有杂交出来的牛种，饲育方式也跟其他国家类似。相信假以时日，也能够制作出风味十足的牛排。

欧洲
Europe

台湾牛肉在台湾整体牛肉市场的市场占有率不到一成，养殖数量约14万头，其中大多为乳牛，肉牛只约占1/4，而肉牛之中还有大半是公乳牛，其他为杂种牛，比起美国一些有规模的牧场，可以养超过80万头牛的规模，数量少很多。

这主要是因为台湾可供放养腹地有限，加上牛只从小牛出生到宰杀至少要两年，一头牛饲养成本大约是澳大利亚、新西兰的2倍；一般台湾牛肉价格比进口牛肉略高，澳大利亚、新西兰牛肉零售价平均比台湾牛肉便宜2~3成，在成本考虑之下，一般农民饲养意愿较低。

至于传说中美味的台湾黄牛，悉数在恒春畜牧试验所留做种牛，能够推广到民间的较稀少。

欧洲是吃牛历史最悠久的地区，从万年前的山洞壁画中，可以找到人类吃牛肉的画像，也有不少的有名牛种是从欧洲来的。但是很可惜的，欧洲是疯牛病的超级疫区，台湾市面上短时间内看不到欧洲牛肉，台湾消费者无缘品尝。

英国、法国都有不少不错的肉牛，苏格兰地区的肉牛很具代表性，像北美地区名震天下的安格斯黑牛就是从苏格兰过去的。

苏格兰当地有一种高原牛，肉质优良，风味十足，不过却因为生长缓慢，体型小，经济价值不高，翻译成白话就是赚不了什么钱，所以当地人并不愿意多养。这种量少质优的牛种，只由少数爱好者饲养，并用传统的方式饲养，保存着最纯净的血统，是世界牛排饕客的头号梦中餐点。

由于欧洲牛肉在台湾解禁似乎遥遥无期，有兴趣的人如果造访苏格兰，不妨尝尝这传说中的美味。

阿根廷
Argentina

牛排的英文是steak，原始来源是北欧，维京时代的用语为steik，最早是说将肉刺在木棍上烤肉，所以也跟木棍——stick同字源，而这就是阿根廷人烤牛排主要的方式之一架烤——ASADO，另一个方式是大家熟知的炭烤BBQ方式——PARILLA。

阿根廷国家人口约4 000万，养的牛只却超过5 000万头，如果要问为什么，那答案也很简单——阿根廷人爱吃牛肉。如果大家认为美国人是世界上最爱吃牛肉的人的话，阿根廷人每年吃的牛肉大约是美国人的2倍，对牛肉的爱好程度在世界上数一数二。

阿根廷地广人稀，广大的草原提供了牛只天然的饲料，所以阿根廷保有的是比较粗犷的放牧与吃肉方式，也因此有人特别喜爱阿根廷牛肉，甚至认为是最好的牛肉。

不过既然阿根廷人这么爱吃牛肉，采用大量生产的方式几乎是不可避免的，也就是圈养谷饲牛，而且比例愈来愈高，以供应广大市场的需求。

阿根廷式牛排跟欧美牛排比较起来，有几个不一样的特色：

（1）可食用的部位选择较多。像在欧美比较少用在牛排的颈部、腹肋、牛血肠，还有广受台湾人喜爱的牛小排，甚至人多的时候，将牛剖开直接烤着吃，都是阿根廷人喜爱的美味。

（2）另一个特色是烤肉。阿根廷人平均每周大约要吃三次牛排，所以家里后院的烤肉架几乎是必要装备，比家里门窗还重要。料理方式除了烤肉还是烤肉，烤肉不只是吃，已经成为一种社交方式。而且烤肉以木材为主，少用木炭，几乎不用天然气，所以烤出来的牛肉当然有天然木材香味，这一招反而是一些天然资源缺乏的先进国家所跟不上学不来的。

（3）牛肉多以全熟的熟度呈现。也因为熟度较大，所以牛小排、牛颈、腹肋这些部位反而比菲力、纽约克那些部位要多汁甜嫩，什么熟成、什么酱汁都不管用。不管其他国家如何料理，阿根廷人有自己的喜好与吃法，雷打不动，也因此创造出自己风格，吸引不少世界级饕客朝圣。

牛肉部位的选择
Choose Your Favorite Cuts

开餐厅之后，除了面对每个人熟度认知差异的问题之外，再来就是很多消费者的疑问："菲力怎么这么嫩！我以前吃的菲力都不是这样。""肋眼的油蛮多的！""牛肉切开怎么都没有汁（血水）！""丁骨的筋很大。""纽约克咬着有点累。"

曾经还有客人坚持说："你们的牛肉一定有泡嫩肉精，不然不可能这么嫩！"任我们怎么解释都枉然。"好，你们可能没有泡吧"，原本以为客人终于相信正常菲力就是这么嫩，"那一定是厂商泡的！我没吃过这么软的菲力"。其实我们只是不好意思问："那请问您以前吃的是什么样的菲力，您到底知不知道？"

消费者通常都会在超市购买牛排用牛肉，但是从盒子上的标识获得的信息有时并不是那么完整，工作人员忙着切肉，也不一定有时间过来为顾客详细说明。

选对部位很重要

选错了部位不但浪费钱，还要错过美味。最重要的是，每一个人喜好不同。

有人喜欢入口即化嫩一点的肉，有人喜欢有嚼劲征服感的肉；有人喜爱瘦肉，有人偏好肥肉。这只关乎个人喜好的口感，没有对错。

不同牛肉部位有不同的口感与味道，只要能够适当地烹调，都可以成为桌上佳肴。但是毕竟各部位口感差异还蛮大的，即使同一个等级，不一样的部位，吃起来在口味、嫩度及口感上都会有明显的差异。

要选择作为牛排的牛肉，这块肉应该可以做成自己喜爱的熟度，也就是生一点、熟一点都好吃，不会生一点就咬不动，熟一点就变牛肉干。要符合这些要求，肉筋不能太多太大，要不然咬起来不只辛苦，甚至还无法入口，再不然就是要做成全熟，或是长时间炖煮，才能够下咽，吃起来已经失去牛肉本味，也吃不出肉质好坏。

在欧美餐厅提供的牛排料理，最常使用的牛肉有肋眼、菲力、纽约克及丁骨等部位，差不多都集中在背部中间位置，上后腰脊肉（top sirloin）也是餐厅可以提供的平价牛排选择。

牛排餐馆不告诉你的事

如果用平常在餐厅吃牛排的印象或是品名，来作为购买牛肉的选择，有时候并不恰当。譬如说，餐品名为"法式炭烤迷迭香红酒酱佐顶级菲力"（名称为虚构），基本上名称中清楚地提到法式、炭烤、迷迭香（rosemary）、红酒酱、顶级、菲力几个元素，对每一元素逐一分析，就会发现这名称经不起推敲。

"法式"，说法稍嫌笼统，因为"法式"可以是一种常用标准带骨切割方式，但是法式牛排料理方式何其多，不是单单"法式"可以说明清楚的；"炭烤"，说明牛排的加热方式；"迷迭香"，讲的是用到的香料（本书中的"香料"，泛指可作为香辛调味料的材料）。

"红酒酱"，是很多可以搭配牛排的酱汁的其中一种；至于"顶级菲力"，说明了餐品用的是很好的菲力，但是问题在于"顶级"的定义为何？如果真正要追根究底，"顶级"指的可能只是对餐厅的感觉或命名，跟真正牛肉分级的级数没有关系。标榜"顶级"的，可能是要吸引消费者眼光，而不是真正说明牛肉等级，甚至常常注明"顶级"的肉，实际上的等级都不高，所以不要被"顶级"的字眼迷惑

了。

而"菲力"，总该没有问题了吧？只不过所谓的菲力，好坏等级差异非常大，甚至有时候只是看起来像菲力的形状，实际上很有可能是其他部位甚至是"组合肉"做成的。

"组合肉"简单形容就是一根特大号香肠。组合肉是把不容易成形的肉块，或松散的肉，加工灌进一个漂亮的模子里，再加上一些添加物、定型剂，出来就是很工整的一大块肉。需要的时候切出适当的大小，就可以使用了，形状很稳定，所以烹调的时候不需要再用棉线定型。

"组合肉"可以做成需要的形状，大多是圆形或椭圆形。一般组合肉吃起来跟实际肉排口感与口味会有不同，但是只要消费者不在意，组合肉是比较经济的选择，毕竟都是肉，吃起来也不会太离谱，而且肉商可以借此处理一些剩余碎肉，免于浪费，就像香肠、汉堡也是另一种形态的组合肉一样。组合肉跟碎肉一样，在处理过程中肉表面的细菌已经混在肉中，所以烹调的时候最好煮熟一点再吃比较安全。

牛肉部位与美味烹调

先选一块适合自己的肉，或者可以说，消费者知不知道自己真正喜爱的是哪块肉？

原则上运动愈少，离四肢与头尾愈远，肉就愈软嫩，而前肢运动量大，所以后腿又比前肢筋少一点，肌肉块大一点。

把牛的背部从中间对分，前半部叫作肋脊部（rib），后半部称作腰脊部（loin）。肋脊的代表就是肋眼，再前面是肩胛部（chuck），最有代表性的就是板腱（top blade）。而把腰脊部再分作前后，前面一半为前腰脊部（short loin），后面一半为后腰脊部（sirloin），再后面就是后大腿部（round）了。

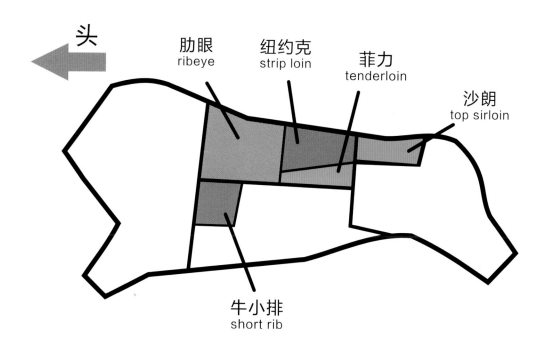

头

肋眼 ribeye

纽约克 strip loin

菲力 tenderloin

沙朗 top sirloin

牛小排 short rib

若论西式牛排的取材，以肋脊到前腰脊最适合，最多向后延伸到后腰脊部，就是在欧美餐厅可以看到的上后腰脊肉（top sirloin）部位。如果部位从肋脊向前延伸就要选一下了，因为肉筋开始增加，以软嫩、筋少的比较恰当，例如从肩胛部位清修去筋取出的铁板牛排（flat iron）也是不错的牛排选择。

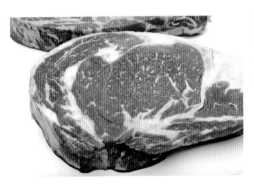

着温度高低产生变化，优质牛油熔点低，所以不但让牛肉散发出甜美的香气，也可以增加嫩度，而且食用时入口即化，如果要形容，有点像吃小笼汤包，汤包一咬开，浓郁的汤汁在嘴里散开的感觉。假如真的还是没办法接受牛油的香气，在餐盘里面再把油脂切除即可。

像一些日本和牛料理中，就会把油脂切下来，煎一下之后给顾客享用，让顾客体验优质牛油风味；而美国一些百年知名牛排馆，用来佐牛排吃的，也就是烤牛排时滴下来的牛油加肉汁。

油脂决定一块牛肉的优劣

不管哪个部位，看到肥油先不要急着去掉。一般人对肥油都是油腻、难以下咽的印象，不过这样的印象对优质牛肉并不公平。油脂好坏是决定牛肉好坏很重要的因素，所以只要评级还不错的牛肉，油脂都值得尝试一下。烹调的时候，牛油随

肋眼
Ribeye

肋眼取自肋脊部中心，也因其位置得到这个名字。肋眼在台湾又称为沙朗，肋眼是从英文ribeye字义直译过来的，一听就知道部位所在，指的是肋脊部（rib）中心（eye，眼）不带骨的部位，带骨则直接称作肋排。

肋眼主要是由脊最长肌（从颈部到臀部），以及外侧的上盖肉组成的。肋眼取自背脊部第6~12肋骨之间的肉，也就是俗称"大里脊"的前段。由于这块肌肉运动比较少，所以肉质软嫩，其中还掺杂了油花。这部位的切面油花状况就是用来评定牛肉等级的重要因素，也可以说是牛肉中的重点部位。

"沙朗"的由来

沙朗取名由来不可考，目前能查到的资料里面，我觉得最有可能是从日文称呼沿用流传下来的，而日文称呼则是从英文转译过去的。若从英文名称来比对，反而是后腰脊肉（sirloin）音译听起来最接近沙朗发音，部位也算接近。如果把时间点回推到日本刚接触西方国家的19世纪，最有可能就是误植，把沙朗（sirloin）当作是肋眼，而实际上单从沙朗名称并不容易对应到实际牛肉部位，也因此常常见到市面上各种五花八门的从肩膀到后臀部位的牛肉甚至组合肉，统统都被叫作沙朗。

长久以来，"沙朗"就像"安格斯"与"顶级"这些名词一样，因为好听好记而到处滥用，用到最后反而被消费者混淆，分不清"沙朗""安格斯""顶级"这些响亮的常见名词到底代表什么东西。

喜欢风味与脂肪的要选肋眼

肋眼软嫩的肉质，仅次于菲力，非常适用来制作牛排，或是一整块大块烤肉(rib roast)。肋眼某些部位会有筋，某些部位会有油，通常都是不做处理直接使用，不少人喜欢这种口感。有些餐厅的处理方式是将上盖肉跟肋眼分开出售，软嫩的上盖肉就是台湾知名的老饕牛排。肋眼也是北美餐厅最受欢迎、点餐率最高的牛排部位之一。如果家中烹调，肋眼切厚一点可以做牛排，切丁可以快炒，切薄一点可以烧烤或火锅汆烫。

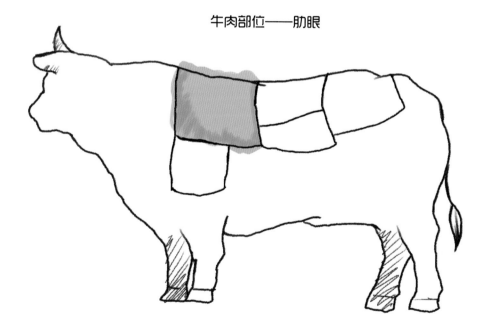

牛肉部位——肋眼

菲力（小里脊）
Tenderloin

菲力位于腰脊部，骨头里面，就是俗称的"小里脊"或"腰内肉"，英文直接翻译就叫嫩腰肉。因为这条肉深藏在骨头里面，运动的机会几乎没有，这两条肉当然就是牛肉最嫩的部位，也因为分量最少，所以是最昂贵的牛肉部位。

"菲力"的名称是从英文filet及法文filet mignon（法文小肉排，可指牛肉或猪肉）音译过来的，现在则成为小里脊（腰内肉）的代名词。若认真考究，法语中的filet mignon专指 tenderloin 前后端的两段，又称为tournedos，而中段则称为chateaubriand，不过本书中都以菲力作为统称。

经过处理的菲力肉质更美味

菲力原料肉需要经过处理，要去除表面的筋膜与脂肪，侧面小肌肉因为有筋掺杂在内，所以也要去除。处理之后的菲力，重量只剩下原料肉的65% 左右，所以原本价值不低的肉，处理完之后价格更高，这也是餐厅里面菲力牛排小小一块价格却居高不下的原因。

一般在大卖场买到的菲力部位，从美国到台湾的卖场都差不多，几乎都没有经过处理就直接切片，所以直接下锅的话吃起来会有很多的肉筋。再者肉筋一加热会紧缩，所以愈熟的牛排就会缩得愈硬。市场上销售的菲力，带回家至少要剔除大块肉筋，烹调完成的肉才比较软嫩。

标准的菲力牛排，应该将脂肪与肉筋清除干净，吃起来才不会塞牙缝而影响口感；也因为肉本身形状不规则，而且剔除的肉筋与脂肪穿插于肉间，所以讲究一点的做法，是将分切完的肉排，用食用级棉线或棉网固定成圆形，外观比较好看，烹调时受热也比较均匀；也因为比较小，有些处理会采用蝴蝶切的方式，面积大一点的比较好料理。

切割完成的菲力肉排

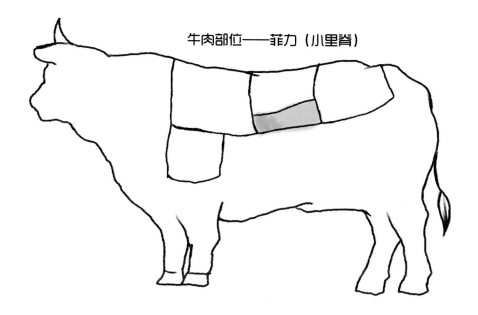

牛肉部位——菲力（小里脊）

喜欢嫩度的要选菲力

不过要注意的是，选昂贵的菲力要的就是嫩度，到了和牛等级更有入口即化的感觉，想象一下和牛的脂肪熔点跟黄油一样就可以体会。每个人喜好不同，如果一个人喜欢的是有嚼劲的肉，那就不会喜欢菲力这种超嫩的口感，应该选择牛小排或是纽约克。

菲力中段

菲力前后段都比较小，所以取中段肉，其宽度比较均匀。虽然肉质前中后都一样甜嫩美味，但是有些料理为了要一样的大小，特别要求菲力中段肉，视觉效果比较一致。

纽约克
Strip Loin

纽约克位于前腰脊部骨头上方，刚好在菲力的另外一侧，隔着骨头相对，从第13肋骨，紧接着肋眼之后，延伸到第5腰椎部位，也就是俗称"大里脊"的后段。

北美餐厅点餐率最高的牛排之一

纽约克部位跟肋眼相近，不过已经没有上盖肉的部分。原料肉外层有一大块肉筋，通常会先切除，只是已经慢慢靠近运动部位，所以肉里面均匀分布着细细的筋。整块肉由于脂肪分布均匀但又不像肋眼那么丰富，油花大概介于菲力跟肋眼之间，只在外围有脂肪包覆，嫩度则稍次于菲力与肋眼；细筋提供了某些程度的嚼劲，所以口感软嫩中带有嚼劲，吃起来就比较有感觉，适合喜欢征服感的人，所以又有人将这块肉称为"男人的肉"。

喜欢风味与嚼劲的要选纽约克

纽约克之所以被取名"纽约克"（New York strip），纯粹是牛排形状看起来像纽约曼哈顿而已，其实有时候形状看起来还更像台湾，所以这样的命名方式也只有在美国跟加拿大才听得懂。出了北美，比较通用的名字是饭店牛排（hotel cut steak）、大使牛排（ambassador steak）、条切牛排（strip steak）或俱乐部牛排（club steak）。纽约克因为美味与口感，成为餐厅必备的佳肴，也是北美餐厅点餐率最高的牛排之一。

牛肉部位——纽约克

丁骨
T-Bone

先前介绍的纽约克跟菲力是上下邻居，中间隔了个肋骨。如果上下两个不分家，跟着骨头一起切，骨头的切面成"丁"字形，一边是纽约克，另一边就是菲力，这样的组合就称为"丁骨牛排"。

丁骨经过煎烤会散发出香甜味

丁骨之所以特别，除了周围油脂之外，还有中间的骨头，煎烤过程中会散发出香甜的味道；还有就是一次可以吃到两种肉，大边的纽约克有嚼劲，小边的菲力有嫩度。基于这几项特点，丁骨牛排成为很多饕客的最爱。也因为带着骨头，骨头跟肉之间有一层筋隔着，这些筋有大有小，烹调的时候也因为骨头传热不好，周围的筋肉看起来比较生，其实吃起来都没问题，不喜欢的再加热一下就好了。很简单，大块的筋剔除就可以，或是把筋留下来，下次卤肉的时候加进去凑热闹，出来就是一道现成美味。

喜欢兼具风味、嚼劲与嫩度的要选丁骨

有时候会听到红屋牛排，名称来源众说纷纭不可考，从英国到美国，都有人自称是红屋牛排的创始人。红屋牛排就是丁骨牛排，只是菲力边比较大，只要大到有高尔夫球大小左右，就可以称为红屋牛排。不过菲力边大，纽约克边自然就比较小，而菲力边小，纽约克边自然就比较大，就看消费者喜爱的是什么了。

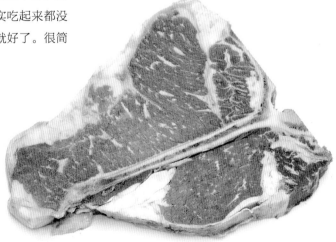

牛肉部位——丁骨

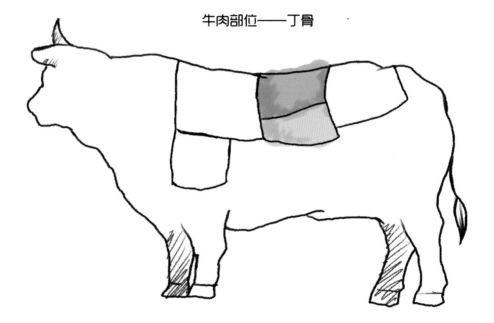

牛小排
Short Rib

牛小排是肋眼前半部向下延伸，从第6根肋骨到第8根肋骨，接近胸腹部的部位。

油脂丰富细致俗称"肥牛肉"

这个部位的肉含有非常丰富细致的脂肪，所以俗称"肥牛肉"，常见的形态有带骨 (bone-in) 或是去骨 (boneless) 两种。完整的带骨牛小排比一张A4纸大一点，厚度7~10 cm，带骨牛小排可以切成薄片，适合烧、烤、煎，或是切成5 cm 左右长条状的英式切法，适合法式炖煮 (pot-au-feu, boiled beef)。像知名的王品牛排就是用这个部位带骨连肉，切成将近20 cm 的长条形，腌渍炖煮再炉烤而成。还可以将牛小排的骨肉剥离成无骨牛小排，而无骨牛小排更是只选取第6到第7根肋骨之间更小范围的优质精肉。

带骨牛小排因为骨头周围有筋膜，所以若烹煮时间不足筋膜没有完全煮烂，吃起来会非常有嚼劲，牙口不好的不一定能够适应这个部位的口感，所以调理带骨牛小排的熟度要熟一点，或是把肉筋剔得干净一点，不然会嚼得很辛苦。

不同的烹调能呈现出不同的口感

牛小排部位的肉油脂非常丰富，分布均匀，而且带有肉筋。所以调理无骨牛小排，不论是短时间烧、烤、煎，达到甚至超过一定的熟度，肉质也不会过老过柴；也因为油脂肉筋交织，长时间炖煮有一定的风味。

喜欢风味与油嫩的要选牛小排

如果用无骨牛小排做牛排，因为丰富的油脂，吃起来更软嫩，所以熟度最好要七成熟以上，才能让多余油脂排出，吃起来不会太油。用烧烤方式刚好可以把油脂逼出来，加上炭香美味，非常适合用来料理牛小排。

牛肉部位——牛小排

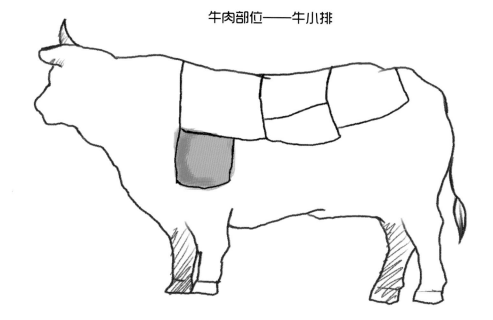

上后腰脊肉（沙朗）
Top Sirloin

上后腰脊肉位于后腰脊上部，紧接在纽约克之后，臀部（后大腿）之前。沙朗的称呼，是由国外翻译过来的，我认为最原始所指的，应该就是这个部位，只是一错百年，沙朗现在成为各种部位都可用的代名词。还不如把这个部位正名化就叫"沙朗"，比起绕口的"上后腰脊肉"好叫多了，也有机会让大家接触一下这个不错的牛排选择。

欧美牛排馆多用来做平价牛排

这个部位的肉去掉外层筋膜之后，就是比较精瘦的部分了，肉中间油较少，肌肉纤维也开始粗一点，不过比起肩胛部位例如板腱，会更适合做牛排，欧美很多牛排馆就用这个部位来做平价牛排。板腱跟上后腰脊肉的肉质差异就像手上臂肩膀肉跟上臀肉的对比，跟台湾常见的做法不太一样，台湾一般牛排餐厅喜欢用板腱做平价牛排，欧美则是喜欢用上后腰脊肉，实际吃起来我个人觉得上后腰脊肉比板腱更适合做牛排。

喜欢精瘦与嚼劲的要选沙朗

这个部位因为油花、嫩度都不及前面提到的部位，所以价格也比较大众化，喜爱瘦肉又有嚼劲的就可以选择这个部位。如果平常喜欢油花跟嫩度的，就会感觉这个部位比较干柴一点。因为台湾市场上比较少见到这个部位的肉，所以在这里只做简单介绍。

其他部位，像臀肉、腿肉、肩肉、腹肉，也都可以做成料理。只要料理得当，都可成为让饕客流尽口水的美食。

（照片提供：美国安格斯认证协会 Photo property of Certified Angus Beef LLC. All rights reserve）

牛肉部位——上后腰脊肉（沙朗）

4

牛肉的选择、
保存与准备
Choosing,
Handling,
and
Preparing

尽量选择可靠的来源，卖得比较好的肉也显示着肉品可能比较新鲜，但是新鲜牛肉到底是什么意思？现宰就新鲜吗？如果从细菌繁殖角度来看，市场上的温体肉反而有可能含有较多的细菌。

牛肉的选择
What to Look for

尽量选择可靠的来源，卖得比较好的肉也显示着肉品可能比较新鲜，但是新鲜牛肉到底是什么意思？现宰就新鲜吗？

如果从细菌繁殖角度来看，市场上的温体肉反而有可能含有较多的细菌，细菌繁殖速度快，大约是冬天以2 h 2倍、夏天以每30 min 2倍的速度繁殖。换算一下，刚屠宰的牛只可能只需要5 h左右，细菌就能繁殖到危险的程度，所以屠宰场如果没办法在室内控温情况下作业的话，就要选择一天之中气温比较低的时候，例如半夜或清晨执行屠宰作业。

那么现在从家里窗户看出去，如果旁边不是屠宰场，那就不要认为自己可以买到现宰新鲜牛肉，自己也可以很简单地推算一下，买到的肉品是否安全？！如果以国外肉品安全标准，换成白话说，**就是"离开冰箱20 min 以内为安全范围"，当然这是很严苛的标准。**而且不是所有细菌都会对人体造成伤害，只是以现代饮食安全高标准的眼光来看，消费者有必要知道正确的信息，才能做出正确的选择。

颜色

影响牛肉颜色的因素不少，选择架上陈列的鲜红色的牛肉最简单，虽然鲜红色看起来新鲜，但是很可能是血水还没有完全排干净。有些包装底部还会放置吸血棉，回家料理前再静置室温20~30 min排一下血水，一般很可能排出牛肉重量5%~10% 的血水，这样做可以让后续烹煮过程减少血水渗出的程度。

有时候拿回家的牛肉，会看到被压在下面，或是包装底面的牛肉会呈现咖啡色，看起来像不新鲜的感觉，其实是牛肉本身肌红素(肌红蛋白)的作用，对新鲜度没有影响。

"肌红素"在缺乏氧气的情况下是偏咖啡色的，接触空气之后就会变成红色，所以如果看到牛肉一面是红色，另一面是咖啡色，表示肉还是新鲜的，可以安心食用。如果长时间接触氧气，肌红素完全氧化变性，就会成为深褐色，表示储放的时间比较长，不过也不一定代表不安全，只要温度控制得当，一般都还是可以安心食用。就像干式熟成牛肉，切开肉色本身不会呈鲜红色，几乎都以暗红色呈现，而且也不像新鲜牛肉出那么多水，看起来摸起来都不一样。

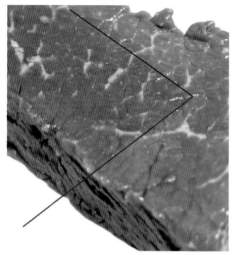

红色线条左右两边是受肌红素影响呈现的不同的牛肉色泽，不影响牛肉新鲜度

选择白色脂肪最好

除了肉本身颜色，还可以看看脂肪，一般脂肪比肉本身腐败更快，颜色选择，以白色脂肪较优良。如果脂肪颜色偏黄，其实是草料中的β－胡萝卜素的颜色，表示草饲的成分多，牛肉的气味也会比较重，可作为自己选择肉品时的参考。

脂肪细白，均匀分布最好。至于脂肪多寡，就应该以自己的喜好来作为主要考量因素。

价格

一般超市都可以买到牛肉，而且以美国、澳大利亚进口牛肉最常见，等级多为美国第二级Choice牛肉，澳大利亚PRS/PR或者谷饲牛，以及新西兰PS等级，虽然价格波动蛮大的，但整体来说可以接受。

美国第一级的Prime则是非常少见，一些特定的超市才会销售，所以如果要好一点等级的牛肉，可以到高档一点的超市找找看，或是找熟识的牛肉商摊问问。现在网络购物方便，也是选择好食材的主要来源之一。

依照等级不同，好牛肉价格会比一般等级牛肉贵上3~10倍不等，极为稀有的和牛价格甚至可达上百倍。至于值不值得花，当然就看每个人口中自己的那把尺衡量。如果真是喜欢吃牛肉，也不妨找个莫须有的理由，体验一下高价牛肉为什么要卖到这么贵，吃起来的感觉到底是不是真的不一样。

品种

　　品种对牛肉口味的差异影响最大，嫩度影响最大，差价也最大。

　　日本和牛一直都是世界评价最高的牛肉，无奈前几年在日本发生的疯牛病事件，让和牛无法进口到台湾，想要品尝日本和牛的美味，还真要跑一趟日本。不过经过约200年的发展，现在澳大利亚跟美国都有大量生产和牛的能力，为我们提供了另一种选择。

　　如果单以价格来看，台湾市场上找得到、可以制作牛排的牛肉，排列顺序大致如下：

```
┌ ─ ─ ─ ─ ─ ─ ─ ─ ─ ─ ─ ─ ─ ─ ┐
   澳大利亚和牛肉(9A+)    贵
   美国干式熟成牛肉
   美国和牛肉
   美国安格斯牛肉
   美国牛肉
   澳大利亚、新西兰牛肉   便宜
└ ─ ─ ─ ─ ─ ─ ─ ─ ─ ─ ─ ─ ─ ─ ┘
```

　　其中比较易混淆的是澳大利亚和牛肉，因为等级差价很大，这里是以台湾一般可以找到的9A~10A牛肉作为比较。

　　台湾牛肉因为等级划分比较独特，较难跟进口牛肉做相对的比较，为了避免误导，所以在此暂不与进口牛肉同时列入比较。

　　市面上也有可能找到美国有机优质草饲牛，价差颇大，价格约介于美国安格斯牛和澳大利亚和牛之间，不过因为数量稀少，在此简单带过。

　　选择品种就像选择名校毕业学生一样，条件比较好，素质也达到一定要求，但是却不是质量的保证。同样安格斯品种，光在美国就有不同标准与饲养方式，其他国家也竞相效仿，但是养殖环境差异很大，不能保证质量一定跟认证过的安格斯一样好。和牛也是类似的道理，养殖地区、等级与部位差异非常大，不要听到和牛就被迷惑，导致最后选到不好的等级或部位，吃到的反而是让人失望的牛肉。

部位

前面已经叙述过牛肉部位分类与选择方式，读者不妨参考作为选择依据。牛肉部位不同，口味和口感都不同，价格差异也很大。以美国牛肉第二级(Choice)来说，最贵的菲力部位，是一般的板腱或后臀部位价格的2.5~3倍，更高等级的牛肉价格更高，可以到4~5倍。然而不是等级高就一定好吃，最主要是看自己喜爱的部位跟料理的方式。只要能适当料理，都可以制作出美味牛肉料理。

等级

不要急着切除脂肪，油脂是让肉烹煮的时候散发香甜气味的因素，油花的分布也是一些主要牛肉产国对牛肉等级的重要判断依据。

如果摆在同一个货架上的同等级牛肉，可以选择油花较绵密细致、分布较均匀、看起来像雪花、细细密密分布在肉间的牛肉，烹煮的时候油脂会熔化，好一点的脂肪吃起来入口即化。这时候就会明白一分价钱一分货的道理，为什么这么多人异口同声来推荐高质量牛肉。

油花与肉色差异

美、日牛肉分级制定时，几乎都以"脂肪"为重要参考，不过近代饮食已经开始讲求低脂，所以即使油花甜美，也要看个人喜好来做选择。例如和牛12A最高等级牛肉，含脂量超过50％，所以也要看看个人是不是真的很喜欢油脂，要不然不需要追求最高等级牛肉。

和牛——无骨牛小排

嫩度与特性

根据美国市场调查，牛肉的嫩度，一直都是消费者选择牛排的时候最主要的考虑因素。

以进口牛肉来说，同样一只牛，各部位价格不同，嫩度也不一样。简单说，离四肢及头尾愈远，运动愈少，肉质愈软嫩，后半段又比前半段软一点。不妨参考以下图表，作为嫩度选择的依据。

目前各国的分级制度，多以油花、颜色、牛只年龄、品种等来区分，但是以作为评级依据最主要的因素——油脂状况来看，其实对嫩度的影响程度只占约20％。其他影响嫩度的原因，还有性别、种牛阉牛、屠宰前作业、电击方式、屠宰后保存、熟成方式、断筋处理等因素。只要正确地选择牛肉，就可以找到自己喜爱的嫩度、口味与嚼劲，不需要添加如嫩肉精的外在加工料，就可以做出自己喜爱的料理。

牛排各部位口感比较

肋眼 ribeye

嫩度	●●●●○
油脂	●●●●○
嚼劲	●●●●○
肉筋	●●○○○

牛小排 short rib

嫩度	●●●●○
油脂	●●●●○
嚼劲	●●●●○
肉筋	●●●○○

丁骨（菲力+纽约克） T-bone

嫩度	●●●●○
油脂	●●●○○
嚼劲	●●●○○
肉筋	●●●○○

菲力 tenderloin

嫩度	●●●●●
油脂	●○○○○
嚼劲	●○○○○
肉筋	●○○○○

沙朗 top sirloin

嫩度	●●●○○
油脂	●●○○○
嚼劲	●●●○○
肉筋	●●○○○

纽约克 strip loin

嫩度	●●●●○
油脂	●●○○○
嚼劲	●●●○○
肉筋	●●●○○

如何买到好牛肉

　　这几乎是全世界喜好牛肉的人共同的疑问。我们可以用肉眼去评判肉品的优劣，却没有办法从源头去了解肉品的来源究竟可靠与否，这时肉品外包装上所提供的信息愈详尽，就愈能降低误触食品地雷的可能性，进而协助我们采购到优质的肉品安心地烹调。从以下四方面多做考量，就可食得安心。

生产履历

　　可以协助了解产地及屠宰相关来源地，一般超市及进口超市都有生产履历的标识，从饲养到合法屠宰又多了一项可靠的参考信息，而多半能够清楚标明生产履历的商家，也表示经过一些合法的认证与把关，能为消费者降低食用的风险性。

评价优良及熟识的商家

　　这点是为了习惯去传统市场购买的人群而建议的。传统市场因为多半没有食材的标识，能够参考的也只能仰赖商家的销售评价及熟识度，多数的人认为跟熟识且长期购买的商家建立往来的信任感，比和完全不熟识的摊贩打交道要来得安心。

安全认证

　　如ISO 认证、HACCP 认证等，能够经由官方或合法的机构确保肉品卫生合格及食用安全性，能减低药物残留风险性，让消费者食用安心。

媒体报道与评价

或许有些人会质疑媒体报道的可参考性有多少，是否掺杂着商业植入的炒作？事实上新闻生活化的趋势愈高，在大量新闻需求下，媒体会提供消费者一些可供参考的信息，让消费者采购时能纳入安全性的考量。当然消费者也要平日累积对于食材与食品的常识，才能判别是否为媒体所误导。

另外要提醒饕客们，因为现在消费形态多半依赖网络的便利，网络选择性高，但是陷阱也多，等级、部位乱标示的商家很多，通过多看消费者购买后的评价及留言讨论等相关信息来判断是不是有信用的商家才是上策。不过只要能够清楚地做好事前的功课，网络购物其实也是一种购买的方式。网络购物真空密封结合低温宅配，全程保持在安全温度，也能降低食用风险。

值得尝试

美国牛肉特选级(Choice)就可以满足大多数人的味蕾，觉得要升级的，可以选择美国安格斯特优级牛肉(CAB Prime)。至于安格斯特选级，因为跟特优级差价不大，还不如直接选择品尝美国牛肉中的第一级。如果要选择嫩度，以我自己经验来说，干式熟成比美国安格斯特优级嫩，但是和牛又比干式熟成来得嫩。只是干式熟成牛肉从外到内，第一口到最后一口，会有各自很特殊的风味，发酵酒香味、奶味、甜味，而且每一个人吃起来的感觉都不一样，感觉很奇妙。和牛则是嫩度与甜度双料冠军，不同的等级，简单说就是脂肪更细更均匀，吃起来更嫩；至于最高等级(BMS-12级)的和牛，脂肪含量很高，可媲美黄油，价格惊为天人，不喜欢油脂的人其实不用费心追求，8~9级的和牛已经够美味了，更高的等级，就是见仁见智了。

牛肉的保存
Handling

细菌控制

健康的牛出产的肉本身所含的细菌很少，几乎可以忽略不计。肉品之所以会有细菌，多是在屠宰过程中，从外层皮毛、内部脏器，还有屠宰场器具、人员、环境而来。屠宰过程细菌污染牛肉的情况只能减到最少，无法完全避免，所幸并不是肉有细菌就不能吃了，而且这些细菌也多停留在肉品表面，只要适当控制细菌生长，就可以安心食用。

肉品表面有各种细菌，但并不是每一种都会造成肉品腐败。细菌的繁殖和温度、水分、时间有密切关系，一份健康安全的生牛肉，细菌数量跟我们平常吃的生鱼片差不多，所以处理得当的确可以达到生食标准。只是肉品若不是马上食用，就要知道怎样控制细菌的繁殖。

细菌中要注意的是"腐败菌"，腐败菌需要氧气，所以只要能完全隔离氧气，比如真空包装，就可以在低温中抑制腐败菌的生长速度。不过，肉未腐败不代表没问题，像肉毒杆菌在无氧环境就能繁殖，乳酸菌繁殖也不需要氧气，所以找到安全可靠的供应商，才能降低食用牛肉的风险。

掌握三项因素——空气、温度与时间，就可以将牛肉处理风险降至最低。

参考右边的图表，基本上，要记好食品危险温度，4~60 ℃，简单地说，牛肉置于室温会让细菌数量倍增。再详细一点的记法，室温下冬天大约每2 h 增加1倍，春秋大约是1 h，夏天则是每30 min增加1倍细菌，所以除非要马上吃，否则应该让牛肉的储藏温度愈低愈好。

如果真的从冰箱冷冻室某个角落找出一块年月不可考的牛肉，先看一下。一般会忘记在冰箱深处应该是比较冷的地方，如果加上真空包完整，冻个6~12个月应没问题，不急着丢掉，解冻看看。解冻完如果血水还是鲜红色、没有臭味，就应该可以放心食用；如果血水呈深黑色浓稠状，甚至表面有黏稠液，那就不要拿自己当小白鼠了。如果是冷藏的，也可以用上述标准从外观判断，再决定要不要吃。

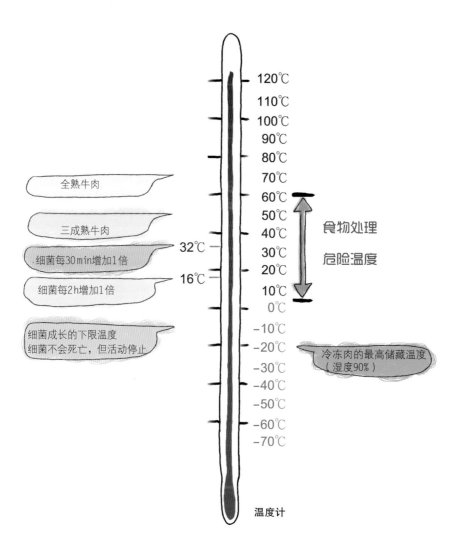

全熟牛肉

三成熟牛肉

细菌每30min增加1倍

细菌每2h增加1倍

细菌成长的下限温度
细菌不会死亡，但活动停止

32℃

16℃

120℃
110℃
100℃
90℃
80℃
70℃
60℃
50℃
40℃
30℃
20℃
10℃
0℃
−10℃
−20℃
−30℃
−40℃
−50℃
−60℃
−70℃

食物处理

危险温度

冷冻肉的最高储藏温度
（湿度90%）

温度计

家中保存

在牛肉整个生产、运送过程中，消费者是卫生安全最弱的一环。

一般购买的牛肉，从市场或超市带回家就要花20~30 min，这期间的温度接近室温，也就是说牛肉是暴露在危险温度下的，如果再多逛一下，那细菌繁殖就更是倍增了。

回到家里，有些家庭会为了省电把冰箱温度调高一点，但即使把温度调得很低，一般家用冰箱温度还是不够低。最好的牛肉冷藏温度是零下1.5 ℃，所以买回来的牛肉应该放在冰箱冷藏室最冷的角落，最好在最底层。而且尽量不要泡在血水中，下面还要有盘子接着流出来的血水，要不然血水往下滴，会污染放在下面的食物。如果不是要马上吃，就要放在冷冻室保存。

在温度够低（4℃以下）、有保鲜膜完整包好的情况下可以保存3~4天，真空袋密封良好的情况下，冷藏牛肉可以保存5~7天。如果家里冰箱温度控制没把握，牛肉就要尽快吃完，要不然就毫不犹豫地

放入冷冻室，真空包在冷冻室最冷的角落可以保存一年。如果真要长时间保存，记得在外包装上写上购买日期，这样才能判断肉品是否新鲜。

牛肉存放

这是冰箱

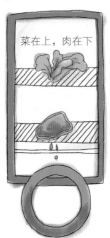

牛肉熟成

牛只屠宰之后，肉质逐渐变硬，屠宰后12~24 h 最硬，之后开始慢慢软化，5~7天后，软嫩度比较适合食用。

这个说法可能会颠覆大家的认知，一般人都认为新鲜的肉最理想，吃起来味道最好，所以很多商家都标榜现宰牛肉。

陈放之后，肉质更好

牛只在刚屠宰完后肌肉的确会暂时放松，但是少了血液循环，细胞产生的废物无法排出，大约2 h 之后肌肉开始紧缩。除非能够坐在屠宰场旁边，在牛只屠宰2 h 内食用的话，就有机会吃到鲜软的牛肉，要不然不太可能在市场上买到安全又新鲜的牛肉，反而是在温度湿度控制得当的环境下，让牛肉自然熟成(aging)后风味更佳。如果屠宰前牛只处于极度紧张或过量运动状态，则细胞内糖分耗尽而肌肉是全程紧绷的，后续肉质很难再变好，结果肉色会比较暗沉，容易腐坏而且口感干硬。

利用牛肉本身的酶，慢慢分解软化肌肉纤维组织，同时转化脂肪与其他蛋白质成分，形成特殊的风味。根据熟成环境与技术的不同，可以产生非常特殊的味道，其中有起司味、甜味、酒味、果香等。经过实验证实，熟成之后的牛肉，其嫩度、风味、保湿度都比未处理的牛肉好，所以不少消费者愿意不计成本，品尝这种风味独特的牛排。熟成不只运用在牛肉，也运用在其他肉类甚至禽类，传统的做法里面都会先将肉吊几天再做烹调，目的就在此。

那细菌怎么办？这是大家最先有的反应，前面才讲到要好好控制细菌，这里马上又要把牛肉放个几十天才料理，到底哪个说法是正确的？其实关键在环境与温度控制。

19世纪采用肉品腐化熟成

早期肉品熟成会放置在室温，让肉自然腐化再做处理。熟成概念最早出现在欧洲，19 世纪时将肉放置室温下长达数周，直到外层真的腐坏了才食用，像当时法国料理王中之王的马列- 安东尼·卡汉姆(Marie-Antoin Careme) 就认为这个腐化熟成过程愈长愈好。不过以现代眼光，熟成已经不再需要让肉品过度腐化，而是在控制温度湿度、抑制细菌大量繁殖的同时，还要让酶能持续发挥作用。所以，当时世界上第一个吃腐化熟成肉的人若不是很穷，那就是非常勇敢，就像世界上第一个吃生蚝的人一样，足以获得饮食界的勇气勋章。

讲究一点的干式熟成做法，牛只屠宰完先在16 ℃温度中吊挂16~20 h，这个阶段温度不能太低，肌肉紧缩前快速降温会造成肉质硬化，吊挂的目的是在肌肉紧缩前把肉质拉松一点，这个阶段完成之后才分切进入熟成室。

也有加速熟成方式，先在21 ℃及85%~90%相对湿度环境下熟成2天，其间用紫外线抑制细菌，之后再到各消费终端去完成最后一段熟成过程。加速熟成方式也是目前美国市场最常用的熟成方式。

利用冰箱做干式熟成

在牛肉熟成室中，温度必须低到细菌不太活动，而酶却能够持续作用的温度，所以大部分的牛肉熟成室会将温度控制在-1~2 ℃。没错，0 ℃是冰点，但大家回想一下中学课本，这个冰点指的是水，对肉来说，0 ℃还不会完全结冰。

若为干式熟成(dry aging)方式，则相对湿度控制在50%~85%，不少厂家会保持湿度在70%~80%，再加上循环良好的空气，让熟成的牛肉缓慢地将水分排出，大部分做法中会在熟成室加入盐砖，以控制细菌的繁衍。

法国吉雅朵2号生蚝

不过现在有更新的概念，使用透气真空袋，也就是特殊的塑料袋，抽真空之后可以让水分出来，空气却进不去，利用这样的方式可以在比较经济的冰箱中做出非常接近干式熟成的牛肉，不失为一种低成本的替代方式。

排出水分的牛肉，味道自然就更浓缩了，加上牛肉本身的化学变化，会产生非常独特的风味。典型的21天干式熟成，牛肉的重量会减轻20%左右，加上切割掉外层风干冻伤损坏的牛肉，得肉率更低，这也是干式熟成牛肉价格一直无法降低的原因。

要注意的是牛肉排出水分之后，肉味会更加浓缩，所以要选用作为熟成的牛肉，等级不应太差，牛肉等级高的味道更好。但是如果选用牛肉本身有腥味的话，那味道就会更差（资料引自陈重光，2010）。

熟成的过程从最少21天、28天，到有些餐厅熟成到45天，时间愈长，风味愈浓郁，不过重量损失更多，意思就是售价当然就更贵了。至于值不值得，完全要看个人口味，还有更重要的是，口袋有多深。熟成效果就如水果，愈熟的水果愈香甜软嫩，也是水果最精华的阶段。其间不同熟度风味都不同，但是熟过头就是腐败，味道口感都吓人，什么程度才是最好的，只有味蕾才知道。

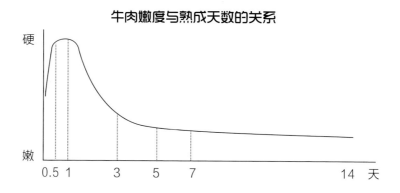

牛肉嫩度与熟成天数的关系

干式熟成还是湿式熟成

既然熟成作用只是利用酶来软化肉质，那有没有办法避免损失那么多重量？熟成虽然增加牛肉的风味，但是现代化大量生产情况下，大部分厂商并不愿意为了熟成而花这么多精力与时间，损失20%重量，还要用人工切割干硬的外层。

在肉品市场技术愈来愈进步的情况下，20世纪60年代开始将切割好的牛肉用真空方式包装，在隔绝空气情况下，配合低温，肉品保存时间可以拉长到60天以上。这段时间肉品中酶仍持续作用，也就是熟成过程持续在进行，肉品持续软化，只要温度与真空控制得当，这些熟成的时间就可以用来运送与保存牛肉。

这种真空包装牛肉的方式，不但熟成作用持续进行，因为包装袋的密封不透气，牛肉重量也损失很少。也有些做法是将牛肉置于橄榄油中保存，彻底隔绝空气与水分，这样的熟成制作方式完成后不需要切割外层，整个过程中牛肉水分保持良好，称为湿式熟成(wet aging)。

因为真空包装的技术与方便性，让牛肉在熟成过程中不会损失重量，所以现今绝大多数的美国牛肉都以真空包装。牛肉以湿式熟成的方式呈现在消费者面前，在运送保存过程中同时完成熟成，一举两得。

目前台湾的进口牛肉中，冷藏牛肉以美国牛肉为最大宗，约占台湾3/4市场，这个冷藏运送的过程，就可以当作湿式熟成过程的一部分。冷冻牛肉则是美国、澳大利亚、新西兰大致相等，而冷冻牛肉总量是冷藏牛肉的7~8倍，所以台湾大部分牛肉都是冷冻进口。不过即使是美国冷冻牛肉，也经过至少5天的初步熟成，另一些则是在熟成期限之前转为冷冻，所以多多少少都会有些湿式熟成的风味。

aged beef 的翻译由来

很多人看到"熟成"二字，想到的就是牛肉已经熟了。当初最早看到aged beef 字眼，从英文说来并没有什么混淆，也蛮清楚的，就只是单纯老化、老成、陈放的意思，但是要说成中文，就比较困难，一个洋名词要找个音、意都好听又合理的对应名词并不容易。我也是回到台湾，才知道这种牛肉翻译成"熟成"，其实蛮好听好记的，但是容易混淆，因为肉本身并没有经过大家认知的熟度处理，也就是没有加温烹调过，肉是生的不是熟的，熟成肉跟熟度一点关系都没有。如果要照字意翻译，我会认为翻译成"陈放"比较恰当，例如陈放牛肉，干式陈放或湿式陈放，也许没那么好听响亮，但是比较简单易懂，反而不会混淆。

干式熟成（左）与湿式熟成（右）对比

牛肉的准备
Preparing

网购的便利，让很多遥不可及的食材，都可以通过指尖就完成购买动作。不过就像前一代的邮购一样，缺点是看不到实际物品，质量难掌握，或是照片与实物差太多，不是照片太丑看不出东西漂亮的地方，就是照片太漂亮，收到东西大失所望。所以挑选有诚信的网络商店或实体商店，是制作牛排成功的第一步。

希望看到这里，读者心里面已经有个底：如果现在要找一块牛肉来做牛排，不管是从传统市场、超市或是网络商店，知道要怎样选一块适合自己的牛肉。如果在市面上购买牛肉，却不了解盒子上标的名称到底是什么等级或是什么部位的肉，比如说"顶级""牛排"等，可以再向销售人员进一步询问。如果还是得不到想要的答案，那就可以自己依照前面所述的等级差异判断一下。如果真的没有把握，则应该考虑先暂缓购买，因为常常有些地方销售牛排肉，用的并不是适合制作牛排的部位，像腿部、部分肩部等。与其得到不好的牛肉，不如货比三家。

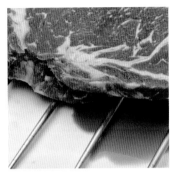

让牛肉排出血水

用纸巾吸掉多余血水

解冻

首先还是要保证肉品安全。冷冻肉放在桌上直接室温解冻并不妥，不但解冻速度慢，外表细菌生生不息，内部可能都还冰冻着；时间充裕时可以提前24 h将肉移至冰箱冷藏室，温和地解冻，同时让肉保持在安全范围之内，大块的肉有时候解冻需要2~3天。

要快速解冻的话，将肉密封好，放在流动的冷水或冰水中，因为水的密度大，解冻速度快，温度低一点则有助于细菌控制。若是自己在家里要马上烹调，放在温水中解冻也无妨，但是要注意不要把水渗入肉中，不然就会出现传说中的灌水牛肉，影响风味。

回温

烹调之前，将肉自冰箱取出，盖保鲜膜后置于室温30~60 min，让牛肉缓慢地升温，避免直接烹调导致牛排的内外温差过大，熟度不均匀。尤其是对高温料理的方式来说，让牛肉回到室温再烹调是很重要的步骤。

解冻与回温过程其实可以看成另一种烹调，温度上升缓和一点，肉的熟度自然就会均匀一点。回温时可以在盘子上架上几根筷子，牛肉放在筷子上才不会泡在血水里面，这样肉表可以保持比较干燥，料理起来比较漂亮。

调味

到底要几种调味料才够味？

答案是——没有正确答案，看自己的喜好与习惯。

牛排撒上调味料，需要一段时间才能入味，有的调味料渗透力强，应该比其他调味料晚一点放，相反有的渗透力弱一点，就应该早点放。例如盐，渗透力强，可以在其他调味料入味后再调味。又如胡椒，高温容易使胡椒烧焦变苦味，所以适合在高温处理之后再加入。

美味秘诀——5个牛肉调味好时机

调味时机说法存在分歧，各有强力理由支持。

时机1

提前一天调味，让牛肉在冰箱放一晚，确实入味，多余水分也可以借此排出，并有机会再让表面干燥。

时机2

在牛肉料理前，自冰箱取出回温时，调味顺便回温，约30 min刚好可以让调味料初步入味，也可以让牛肉回温。调味大概只能进入肉表约1 cm，所以厚度2 cm以内的牛肉可以这样做，这时盐可以把肉里面的水分排出一部分。拥护的人说，只要把肉表多余水分擦去即可做出焦褐表面，反对的人会认为这些留在肉表的水分会阻碍焦褐的过程。

时机3

肉回温之后，下锅前再用调味料，这样一来肉里面水分还来不及排出，味道却可以慢慢进入肉里面。

时机4

肉下锅以后，高温煎完一面，翻面之后，才撒上调味料，起锅翻面再撒上第二面调味料，这样调味料的风味不会被高温破坏，味道醇正。

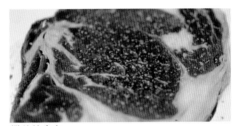

撒盐的牛肉

撒盐和胡椒

把撒在周围的调味料粘一下，不要浪费

时机5

烹调完成后调味，利用肉静置的时间，让调味料入味。这样调味料能够最完整地呈现在餐盘里面，不会受到高温影响而丧失风味，例如海盐与胡椒，但是味道只会停留在肉表，无法入味。

经过实际比较，每种做法虽各有特色，但差异实在不大，肉表水分问题也可以轻易克服。制作牛排时，应该看看自己时间、厨房、调味料适合什么方式的做法，自行调整。

如果没有特定喜好，家中料理建议用第二种调味方式，配合牛肉回温时间调味，同时让牛肉初步入味，简单好做又方便。

洗净

牛肉烹调之前到底要不要先洗过？要这样问，还不如先问："清洗牛肉的目的是什么？"

关于牛肉洗净的迷思

迷思1——洗掉血水？

肉的风味，不少来自细胞里面的肉汁，肉切开，解冻之后，会有部分流到肉的表面来，料理的时候，我们会希望肉表是干的，这样比较容易让表面焦褐。所以，当拿一块肉去清洗的时候，是把肉表有风味的肉汁替换成没有味道的清水，洗久一点水还可能进入肉里面，这样煮起来，不但风味比较不够，肉表焦褐的效果也会比较差。

迷思2——洗掉细菌？

健康牛肉内部是安全的，肉表会有一些细菌，如果一直都在安全温度范围之内，肉表细菌滋生速度几乎可以忽略不计，反而是家里清洗用的水，是不是干净？如果没有适当过滤，细菌数就有可能比肉表细菌多，所以，不知道是把肉洗干净了，还是洗脏了？但是如果肉品长时间暴露在危险温度（4~60 ℃）下，那么料理之前洗净牛肉就有其必要性了。

适合搭配的食材
Food

牛肉经过适度烹调，就可以散发足够的香味，营养成分也足够，但是餐盘里面如果单单放了一块牛肉，自己吃就算了，若是要请客的话，难免失之单调。

只要搭配一些其他食材，适当搭配淀粉类食物，就能让牛肉养分吸收更完整。很简单，利用主餐调理空当就可以准备，不但可以增加美感，口味互相衬托，还可以制造更丰富的餐点。

大蒜

切片——适合重口味

最简单的方式，直接切片，生蒜搭配牛肉吃得过瘾，不过要小心生蒜味道强烈，很容易掩盖过牛肉味道。这种吃法适合重口味的人，或是牛肉腥味较重的时候，可以稍微掩盖牛肉味道。

大火炒一下——蒜香甜味

大蒜只要切过稍微大火炒一下，看到表面周围焦了，辛辣蒜味就可以去除；炒到咖啡色可以散发出甜味；炒过头焦黑了就会变苦，反而会扣分。

炭烤或炉烤

将蒜头从正中间横切一半，上半部可另做他用，下半部直接置于炭烤炉上，小火烤蒜头，切开的蒜头不要剥掉外皮，外皮正是高热的缓冲，避免高温直接干烧蒜头。蒜头上可以撒上盐巴、胡椒或是自己喜爱的调味料，再淋一点油避免烤过干，15~20 min后，蒜头比较透明时就可以吃了。

没有炭烤炉的，可以直接用烤箱烤整颗蒜头。烤箱预热到190 ℃，蒜头完全不用切也不用剥，放在烤盘上直接进烤箱，烤盘上也可以撒上一层盐，大约烤50 min，蒜头呈现漂亮的花朵样子时就完成了。

洋葱

切丝，大火快炒，呈现浅咖啡色时，就可以去除大部分辛辣味，并转换成甜味，直接置于牛排上或垫在牛排下都可以，口味、色泽都跟牛肉很搭。

番茄

如果用烤箱烤牛排，将番茄切约1 cm厚，抹上自己喜爱的调味酱，放在牛肉旁边跟着牛肉一起进烤箱，一起翻面，15~20 min 后，跟着牛排一起出炉，一起摆盘上桌，一起享用，简单、好看又美味。

菇类

选自己爱吃的菇，最典型的就是蘑菇，切片快炒就可以搭配牛排了，其他像市面上可以看得到的小型菇、中型菇，甚至烤一般香菇，全看自己喜好。有机会还可以试试昂贵的松露、牛肝菌菇（porcini）和羊肚菌菇（morel）。菇类味道跟牛肉好搭配，料理方式可以用炒、煮、炖、煎、烤，或是加入酱汁里面，不仅增加味道，又能调整口感。菇类是很好的且很容易料理的牛排好搭档。

马铃薯

炸薯条

最简单的方式，将马铃薯洗净，不用削皮，直接辐射状切开成楔形马铃薯，根据需要沾一点面粉和盐，用锅煎或炸至金黄色即可。

烤薯片

将马铃薯洗净去皮，切片约0.5 cm厚，先用盐水煮半熟，取出放置烤盆内排列整齐，薯片约一半上下重叠，调味并加入鲜奶油，撒上起司，进200 ℃烤箱烤约30 min，出炉后分切即可。

薯泥

将马铃薯去皮切丁，蒸熟后捣成泥，加入鲜奶、黄油、盐、胡椒调味后即可食用。

薯饼

将马铃薯切细丝，跟蛋+奶一起煎，完成后即可搭配。

蛋

以自己喜爱的煎蛋或炒蛋方式搭配，简单大方，容易准备。

以上的料理配菜，可以单独出现，也可以几个互相搭配，味道都可以配合很好且不突兀。喜欢辣味的，自己再加入辣椒就可以了，简单又好料理。

餐酒
Wine

世界上每年生产数十亿瓶酒，种类百万种，今天要吃牛排，要选择哪一种酒来搭配呢？走进超市看到货架上满满的酒瓶，眼花缭乱，即使把范围缩小到葡萄酒也够让人眼花缭乱了。

葡萄酒是葡萄做的，所以不同的葡萄品种自然会影响葡萄酒风味，就像不同国家的人说不同的语言一样。那么葡萄品种到底有几种？有人说光是欧亚地区就有15 000种，以葡萄酒8 000年的历史，要细谈怎么也谈不完。但是如果要搭配牛肉，不妨试试以下选酒的要领。

红酒

红酒是由红葡萄带皮带籽做成的，因为葡萄皮跟葡萄籽中有单宁存在，所以红酒也带有单宁，这种苦涩的物质几乎决定红酒的个性，也是红酒被认定为独特的、对身体有益的重要因素。

如果以葡萄酒的发展历史来看，罗马帝国解散后葡萄酒才传入法国和德国，法国则是从中世纪后才成为葡萄酒的核心产地，后发展为世界葡萄酒中心。

既然葡萄酒受欢迎，那谁说只有欧洲可以做得出来？于是欧洲以外的地区，北美洲、南美洲、非洲、亚洲、大洋洲，大家都来做葡萄酒，只不过说到技术与概念源头，几乎都还是源自欧洲，尤其是来自法国。这些欧洲以外地区产的葡萄酒就简单归纳为新世界，不过既然制酒师承欧洲，卖酒要如何青出于蓝？同一品种的葡萄种在不同地方就会产生不一样的味道，所以新世界的新品种、高科技、低价就成为葡萄酒的卖点了。市面上也可以看到用相同价格，可以买到新世界评级比较高的酒，也就是用便宜一点的价格就能享用不错的酒，这也是近年来新世界葡萄酒受欢迎的主要原因之一。

很奇妙的是，同样一瓶红酒，从第一口喝到最后一口的风味都不尽相同；同样一瓶红酒，搭配不同食物的风味又不一样；同样一块肉，搭配不同红酒吃起来感觉也不同。搭得好，气味相互升华；搭不好，则气味互相扯后腿。所以同样是牛排，不同部位与不同等级，可以选用不一样的酒来搭配试试，感觉会很奇妙。

品酒顺序大约是从淡到浓，所谓的浓淡，讲的就是单宁与葡萄的个性，就像俗话说的："一样土养百种葡萄。"有的单宁强，有的弱，有的香，有的温和，所以搭配牛排，就试试强的搭配强的、温和的搭配温和的配法。

油脂丰富，有嚼劲的牛排，就搭配单宁强的；牛排软嫩，油脂低的，就搭配单宁温和的。现在先忘掉天花乱坠的厂牌产区，让我们一起从葡萄品种下手选酒。

梅洛（Merlot）

走到卖酒的货架前面，我会先认这个单词，再不然记住"M"这个字母，这个单词表示一个葡萄品种，可能是在标签正中央，也可能是在角落里的小字。这个品种的葡萄是世界上产量最大的品种之一，容易生长，所以几乎各产区都可以栽种，也不难找到，做出来的酒风味温和柔顺，适合搭配口味温和的牛排或是酒性比较温和的人。

卡本内苏维侬（Cabernet Sauvignon）

这个品种的葡萄产量目前居冠，除了北极圈与南极圈以外，几乎到处都可以种，不同地区葡萄风味也都不同。这种葡萄酒单宁丰富，个性比较强烈，因为产量够多，要找也不难。所以记住，是两个又臭又长的英文单词，前面是"C"后面是"S"，风味比较浓烈厚实，适合用来搭配油脂丰富或是有嚼劲的牛排，或是酒性比较强烈的人。

黑皮诺（Pinot Noir）

这个品种是生产出不少优质葡萄酒的好葡萄，不过也因为不同产区差异颇大，选择葡萄酒历史悠久的旧世界，波尔多、勃艮第等，比较容易找到好酒。这种酒味道细致平衡明亮，适合搭配优质的牛排。

至于是不是混种葡萄制作的红酒，老实说差异不大。风味够的一种就够了，风味不够的，就要这个配那个了，要记住前面几个品种已经很伤脑筋了，不用在纯种或是混种葡萄酒上多费心思。

陈年红酒

红酒存放过程像小宇宙一直变化一样，放到适当的时间会有最好的风味，放不够就需要在饮用之前"醒"一下，但是所有葡萄酒都有储存寿命，放过头了，酒就开始走下坡路。至于适当的存放时间，一般的白葡萄酒约装瓶一年，红酒差异很大，存放1~10年都有。比较简单的方法，在喝的时候，倒出来加速氧化一下，也就是醒酒，等到酒散发出自己最喜欢的气味时喝掉。

红酒最好的保存方式就是倒进肚子里，真的喝不下去了，要想办法减缓红酒的氧化速度，能盖上盖子抽真空最好；再不然把盖子盖紧放进冰箱冷藏，但是因为低温有可能让某些红酒部分物质析出沉淀，而且过程不可逆，所以存放冰箱应尽量在3天以内喝完。

白葡萄酒

白葡萄酒之所以可以做成金黄色透明的，就是因为是用去皮去籽的葡萄做成的，白葡萄酒少了红酒那一味灵魂剂——单宁。也有酒厂会用白葡萄带皮做出单宁的特性，只是风味实在是差，白葡萄皮没办法多放，加上白葡萄酒酿造方式不同，所以成品跟红酒大异其趣。

其实如果遵照白葡萄酒配白肉的规则，牛肉并不适合搭配白葡萄酒。但是如果遵照高兴就好的原则，白葡萄酒其实也可以搭配牛肉，尤其是小牛肉(veal)，因为小牛还在喝奶，肉质纤细软嫩属于白肉，跟白葡萄酒还蛮搭配的。再来就是白酱牛排，也适合用白葡萄酒来搭配。

喜欢味道甜一点的白葡萄酒，可以

TIPS

第一次餐酒搭，如何搭配才是王道？

先找通用性高、性质中性温顺一点的酒，找一瓶标着"M"的Merlot回家吧。红酒喝起来比较恰当的温度在18℃左右，也差不多是拿回家先冰在冰箱1~2 h，饮用前30~60 min拿出来即可。红酒如果要长时间存放，一定要在阴凉处横放，温差不能太大，因为阳光暴晒和大的温差会轻易地毁掉一瓶酒。

选择德国的白葡萄酒。因为制作过程跟别的不同，德国的白葡萄酒一般比较甜，甜一点的酒比较适合搭配甜食，要不然甜味太重会抢过牛肉味道。如果以刚才举例的小牛肉或是白酱牛排，则是比较适合酒体厚重的不甜白葡萄酒，酒体淡的白葡萄酒比较适合清淡的菜色。

酒体 —— 就像喝奶昔与喝水的差异，酒体厚重的，酒在嘴里的感觉比较浓稠，口感薄的，感觉就比较像水，介于中间的圆润口感，大概就像牛奶。单独喝一种酒不一定可以马上感觉出不同，最好的方式就是找三瓶代表各种口感的酒。以葡萄品种来选，蕾丝凌Riesling、慕斯卡Muscat（Moscato）比较薄，夏多内Chardonnay 属于中性，法国勃艮第产的有些白葡萄酒就比较厚重，在相同条件之下一喝就可以知道其中差异，请厂商介绍也是不错的方式。

干，这个字的意思代表的是不甜的白葡萄酒，酒里面的糖都被发酵用完了，喝起来就没甜味了。一般这样的酒体从薄到厚都有，适合用来搭配主食。

要动手选择搭配牛排的白葡萄酒了吗？那可以试试不甜、酒体厚重的白葡萄酒，看看搭配的感觉是否合自己口味，拿回家记得先放冰箱，一般较甜的白葡萄酒就冰一点喝，不甜的放个3~4 h 也就够了，趁着酒还冰的时候就要喝完，要不然酒热了风味就跟着变了。

喝不完的白葡萄酒，盖子盖好放回冰箱，别忘了要尽快解决掉。

香槟（Champagne）

香槟是一个法国地区名字，香槟酒是那个地区做出来的酒。

香槟几乎都是调出来的酒，那么气泡又是从哪里来的呢？是不是像汽水一样把二氧化碳打进去就好了？别忘了香槟最早的记录是在16 世纪，那时候还没有汽水。酒类发酵就会产生二氧化碳，中世纪法国某位好事者，想到把酒混在一起，然后加上酵母跟糖，放在密闭容器里再发酵一次，没想到这些产生的二氧化碳没有把容器炸开，而是被压进酒里面去了。酒中气体的压力比汽车胎压还高一点，所以香槟瓶盖一打开，就会产生像爆炸一样的减压效果。这些压抑几年的二氧化碳，就从酒液中以气泡形式上升，看起来晶莹剔透很讨喜，喝起来气泡会微微挑逗嘴巴，加上葡萄酒本来就有的香气，对视觉、嗅觉与味觉是多重刺激。不过最早酒里的气泡被当成是制酒过程的败笔，大家还没有想到去掉气泡的好方法，就开始转向爱上酒里的绵密泡泡了。

香槟是少数可以一瓶到底，也就是什么食物都适合搭配的酒，若要完美搭配牛肉，可以参考前面白葡萄酒搭配牛肉的叙述。

至于香槟的选择，先认产区，如果不是法国香槟区产的香槟，不能叫作香槟，所以香槟只产在法国，别无分号。记得找瓶子上写着有法国（France）与香槟（Champagne）两个关键字的香槟，不然很可能只是气泡酒（sparkling wine）。

只要是香槟区产的香槟，都有一定品质；如果不是香槟区产的，当然就不能称为香槟。有本事的可以花个几百年再去创个品牌，要不然就通通叫作气泡酒。气

泡酒的气泡没有香槟绵密，有些厂商则更聪明，省却二次发酵的繁复程序，运用纳米云端高科技，像制作汽水一样直接把二氧化碳打进酒里面去，做起来又快又省钱，价格自然便宜多了，只是喝起来也比较像汽水而不像香槟。

将香槟带回家记得赶快冰起来，喝的时候冰一点，拿出冰箱就喝，一次解决。觉得太酸了吗？那有可能是温度高了，因为香槟保持在10℃以下享用最好，所以离开冰箱之后最好有冰桶帮香槟降温，没有冰桶就自己想办法找替代品。最后喝不完的记得通知我帮忙解决，不要以为香槟可以存放到下一餐。

啤酒&清酒（ beer & sake ）

其实餐酒搭配与文化也有很大关系。在法国喝红酒，美国喝啤酒，日本免不了就是清酒。

啤酒搭配牛排，有何不可？最佳选择一定就是台湾啤酒了。如果想要气味淡一点的，可以选择本地或美国的淡味啤酒；如果要香一点的，可能要找一些欧洲冷门啤酒，加拿大、美国阿拉斯加因为水质好，啤酒也不差，如果可以找到ALE类的啤酒，香气不错，不妨试试。

清酒当然是日本制的比较好，其中以大吟酿气味最清新，大吟酿又以新潟县做的清酒最受欢迎。选择清酒的时候，标签上面会注明甜度与适饮温度，适饮温度从冷到温都有，可以挑选自己喜爱的口味，回家享受。

一般消费者不可能尝遍各种酒类，来找到适合搭配特定食材的餐酒，所以可以请餐厅或店家推荐介绍。贴心的酒商可以依消费者喜爱与经济能力找出物超所值的品项，不需要追求高价或热门商品。美食搭美酒的确会有相互提升加分的效果，

那种感觉实在值得自己体验一番，重点是，找到自己喜欢的酒，什么酒都无所谓，自己过瘾最重要。

> ### TIPS
>
> 不要迷信品牌或是评分，选酒要用自己的味蕾，不是用耳朵！

5

酱汁基本功

Basics of Sauce Making

西餐最原始的酱汁制作，基本材料取自食材剩余的肉骨部分，例如骨头、紧实难以烹调的筋肉，经过长时间烹煮，可以将骨头及筋肉里面的胶质溶出，得到味足的高汤，再用以制作酱汁。而面糊、烹调酒等的应用，也是需要掌握的基本功。

面糊
Roux

因为面粉含有淀粉，所以在汤汁中加入面粉可以增加浓稠度。面粉虽然可以增加浓稠度，但是如果直接把面粉加入水中烹调，会有一股"面粉味"，而且要花很长的时间烹煮才能去除面粉味。还有一个更麻烦的问题，当一团面粉碰到滚水的时候，最外层的面粉会马上黏在一起形成一层膜，再煮下去也不会化开，最后就会变成一团面疙瘩。所以比较正确的做法是把面粉放进脂肪里头加热，面粉可溶于脂肪，面粉与脂肪比例各家不同，不过大约是以体积1：1计算。脂肪可以用动物油或植物油，加热之后就可以把面粉加进去拌炒，而在油中炒过的面粉，大约只要几分钟就可以去掉面粉味。

面糊刚开始炒是白色的，继续炒下去颜色愈来愈深，味道也愈来愈重，颜色可以深到像咖啡豆一样的深色，甚至更黑。从浅色到深色，有些厨师将炒面糊分成4个程度，有些分成7个，有些则细分到12个不同程度，依各家餐厅或不同食谱需求，选用不同程度的面糊。面糊颜色愈浅则稠度愈高，味道也愈淡；反之，颜色愈深的面糊浓稠度愈低，味道也愈重。而深浅不同的面糊加入料理中产生的味道也都不一样，有的食谱需要白一点的，有的要金黄色的，有的则要深色的，料理时要看清楚食谱里面的叙述，避免不必要的失败。

用于搭配牛排酱汁时，面糊多采用金黄色到深色程度的。使用的时候，把稀的汤汁加入面糊中，比面糊直接加入汤汁中好处理。因为浓稠的面糊在水中不易化开，把水分加入面糊中慢慢稀释，直到所需要的浓稠度时停止，这样处理比较简单。

面糊保存

面糊如果很常用，可以一次多炒一点，多余的放入冰箱，需要时再拿出来使用即可，不过保存在冷藏室以不超过一个星期为原则。

炒面糊程度

调味蔬菜
Seasoning Vegetables

如同中式料理常用葱、姜、蒜一样，西式料理最基本的三色蔬菜为洋葱、胡萝卜与西芹，几乎只要是基本料理，就会用到这三样蔬菜。

除了以上三样基本蔬菜，还有蒜苗等带有呛辣感觉的蔬菜。不过只要适当料理，就像大蒜一样，可以在加热过程中散发出香味或甜味，难怪这些蔬菜是很多厨师的最爱。

另外还有欧芹、百里香、迷迭香、鼠尾草（sage）、罗勒等可食用香草，各自有独特的味道，可根据不同的食材或料理方式选择搭配。若有新鲜的最好，也可用干制品。

三色蔬菜——洋葱、胡萝卜、西芹

高汤
Stock

原则：什么东西进去，什么东西出来。西式高汤可分为broth（肉汤，清汤）与stock（骨汤，汤底）两种。大抵来说，二者之间无太大区别，不过若要仔细定义做出区分的话，肉高汤（broth）是用肉熬出来的可以直接喝，骨高汤（stock）是用筋骨熬出来的，多用来再加工。

东西方制作高汤的方式大同小异，诀窍也差不多，差在蔬菜、香料搭配方式不一样，还有一些文化背景差异。像法国宫廷式料理，因为资源不虞匮乏，所以可以用50只火腿来熬出一碗清汤。以现代眼光来看，未免过度奢华不切实际，不过这倒是给了大家一个方向，高汤熬煮浓一点比较好喝，味道、营养、胶质都浓缩在一起，比起清清如水的汤当然有所差异。

洗净肉骨减少残渣产生，冷水开始熬煮，也就是说，不用等到水煮开才将肉骨加进去，这种做法可以避免熬汤的时候产生白色细小蛋白质颗粒，导致渣滓难以清除。如果先汆烫一次再熬煮，肉骨刚接触到滚水的时候，外层蛋白质马上被煮熟凝结，可以减少渣滓产生，但是煮出来的高汤味道会淡一点。

骨头、筋、皮可以产生胶质，香味比较少，肉可以产生香味，但是胶质不足，所以要熬煮够风味的高汤，既要有骨头、筋，也要有肉。汆烫与否，看自己是需要清澈的汤汁还是味道浓一点的高汤。肉骨与水重量比例为1：(1~2)，揭开盖子小火炖煮，过程中要不断捞除残渣，让水分自然蒸发，汤汁自然浓缩，残渣捞得差不多之后，就可以加入蔬菜、香料。酒与醋可以帮助萃取出一些水萃取不出来的香味，看情况与喜好自己加，过程中不一定需要盐。小火熬煮让水分慢慢蒸发收干到剩下肉骨重量的一半左右就完成了，水本来比较多的，现在变得比较少就是了。熬煮时间以牛高汤最长，猪次之，鸡再次之，鱼最短，30~50 min 就能完成。

如果要汤汁颜色深一点，可以把骨头在炭烤炉上烤一下，或是进烤箱烤到表面呈褐色，再来熬煮就可以做出颜色较深的高汤。

牛清高汤（白色牛高汤）
（basic beef stock）

　　熬出来的牛清高汤喝起来有自然的甜味与香味，丰富的胶质让高汤喝起来有"丝绸"般的滑顺感。一般使用勾芡制作的高汤喝起来不是丝绸感而是"黏稠"的感觉，高汤在嘴里黏住，经食道黏到胃，"滑"不进喉咙里面去。加香精粉调味的速成高汤虽甜，但是甜味比较突兀，不像熬煮的高汤香味、甜味与丝绸感融合在一起。速成高汤的甜味跟高汤是分离的，像是沙漠中的一条船，跟周围融合不在一起。

　　不是完全不能用现成、速成的高汤，对于很少下厨的人，罐装高汤或高汤块反而是经济实惠的选择，不过质量差异颇大，不要光看价格买东西，要不然会错过很多美味。

材料

带肉的牛骨	3000 g
冷水	5000 g
三色蔬菜	400 g

※ 洋葱、胡萝卜、西芹。

香料	20 g

※ 大蒜、蒜苗、月桂叶、欧芹等均可。

盐	5 g

做法

1. 将带肉的牛骨洗净，放入热水中余烫后捞起，再放入事先已准备好的汤锅内，加入盐与冷水，水的高度盖过肉骨约5 cm，再开火炖煮。

2. 过程中不要盖盖子，要不断捞除浮渣与浮油，浮渣捞净，煮5~6 h。

3. 加入三色蔬菜和香料，继续文火小滚至高汤熬煮完成。

TIPS

1. 熬煮过程中，蔬菜也可以分批放入；比较耐煮的如胡萝卜先放，中间是洋葱，西芹最后再放，怕麻烦一次都加入也可以。如果真的要以时间参考，三色蔬菜在高汤完成前1~2 h 加入，香料大约是完成前45 min 加入，以求最佳香味。

2. 高汤煮得好不好，可以从汤汁清不清澈看出来，愈清澈的表示愈用心，而且少了渣滓捣乱，高汤也可以保存久一点。

3. 高汤煮好之后再次清掉浮油与浮渣，慢慢倒出来并过滤，避免沉淀底部的残渣又全部回到高汤里。

4. 高汤完成后，如果一次用不完，可以分批装起来，冷冻可以保存一年，再使用时不会影响风味，不过最好在包装上注明"牛高汤"字样，并注明日期，以后再开冰箱看到这包东西才不会认不出来。

棕色牛高汤（brown beef stock）

材料

带肉的牛骨	3000 g
冷水	5000 g
三色蔬菜	400 g

※ 洋葱、胡萝卜、西芹。

番茄糊	150 g
香料	20 g

※ 大蒜、蒜苗、月桂叶、欧芹。

做法

1. 将牛骨先放入220 ℃的烤箱烤30~45 min至外表上色，再放进冷水煮，先前烤盆上烤牛骨留下的汤汁不要丢弃，用少量水稀释后一起倒入汤锅中，文火熬煮。

2. 在另一个锅加油加热，三色蔬菜下锅加盐爆香，15~20 min后加入番茄糊继续炒，炒到香味甜味出现，1~2 min后舀入2勺步骤1中的牛高汤，稀释炒过的蔬菜并搅拌均匀，备用。

3. 牛高汤滚约5 h后，加入炒过的三色蔬菜与香料，继续文火熬至完成。

浓缩牛清汤（beef consomme）

浓缩牛清汤又称双吊牛高汤，双吊的意思就是（高汤）^{2}，也就是用高汤来熬高汤，三吊高汤依次类推。清汤（consomme）要求的是清澈无杂质，而味道却又香浓协调，所以火候、经验、技术、耐心与知识缺一不可，有兴趣的人不妨尝试一下。

材料

牛瘦肉（切碎）	700 g
牛清高汤（冰的）	2800 mL
三色蔬菜	250 g

※ 洋葱、胡萝卜、西芹。

番茄(切碎)	170 g
蛋白（打到表面起泡）	5 个
香料	适量

※ 胡椒、欧芹，或根据自己喜好选用。

盐	适量
油	适量
金黄色炸洋葱	1 个

※ 用来提升汤的甜味及使汤呈现琥珀色，将洋葱切半，放进油中炸到焦褐即可，若没有炸锅也可采取浅炸的方式。

做法

1. 将牛肉、蔬菜、番茄与蛋白搅和一起，温度最好低于4℃，搅拌均匀，再加入冰高汤中，放进汤锅搅拌均匀。

2. 汤锅开始小火加热，要不断搅拌，避免锅底烧焦，一直到表面蛋泡浮起来开始成形，需4~6 min，温度约在50℃，这时候停止搅拌，轻轻在蛋泡表面挖出一个洞，加入盐、调味料、炸洋葱。

3. 保持文火继续小滚，并从刚才洞中舀起高汤轻轻淋在蛋泡上，高汤不能大滚，否则蛋泡破碎回到高汤中不易清理，1~1.5 h或是味道与澄清度均最佳时即大功告成。

4. 用汤勺舀出并仔细过滤清汤，如果整锅倒出来会让汤变混浊。

5. 用盐巴跟胡椒调味，完成后即可上桌享用或冷藏、冷冻保存备用。

烹调酒
Cooking Wine

用酒做菜，可以掩盖食物中不想要的气味，或是增加食物风味，例如台湾有名的醉鸡、受欢迎的姜母鸭等，就是利用酒精料理食物的经典范例。

酒精有一些特性，是跟水不一样的。酒精对细胞壁渗透力较强，所以某一些食材，用酒精比较容易萃取出来，像用适量的酒精，可以比较容易带出食材中包含的花香、果香等香气，酒也常拿来腌渍肉类、海鲜等食材。

西餐用酒做菜，主要是萃取酒里面的气味，不一样的酒，一定会有不一样的气味，经过烹煮之后，酒的味道会更浓。

酒里面主要成分除了酒精跟水之外，另外就是酒特有的个性与气味，或是一些特殊的成分如葡萄酒里面的酸。基本上可以把料理用的酒看成是一种"等一下要吃的调味料"，选出来的酒经过浓缩之后香味会更香浓，如果选的酒不好，那浓缩出来的味道当然就更不好了。

以葡萄酒为例，烹煮前后的葡萄酒成分如下图所示：

大家可以看到，虽然酒精沸点只有

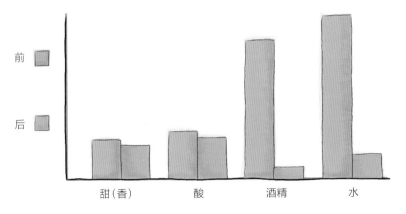

烹煮前后酒中成分变化（未按比例）

前 □ 后 □

甜（香）　酸　酒精　水

78℃左右，但是用酒来烹煮食物，酒精是不会完全蒸发消失的。根据美国农业部的研究报告指出，用酒烹调，酒精残存浓度跟烹煮的时间有密切的关系，相比之下跟调理温度关系反而较小。所以，如果要用酒入菜，至少要煮10~15 min 再上桌，如果烹煮时间不足，酒精残存量会比较高，美酒气味也不会完全散发出来，酒精太重反而会造成相反效果。用小火收汁，效果比大火收汁来得温驯平和，味道比较好控制，失败率比较低。

　　所以不要以为加入姜母鸭或麻油鸡的酒，经过滚水煮开过，加上无名火一烧酒精就没了，如果要减少酒精残存量，就应该长时间烹煮，会比短时间高温烹煮更有效。

酒精残存量

100%	直接饮用
85%	水沸腾后直接离开关火
75%	腌渍一晚
70%	点火烧
炖煮	
40%	15 min
35%	30 min
25%	1 h
20%	1.5 h
10%	2 h
5%	2.5 h

（美国农业部）

用酒烹煮

烹煮肉类最后10~15 min，把酒加进去，跟肉一起烹调，煮出来的肉汁就是最好的高汤加收干的酒。如果可以的话，也可以试试波煮（poaching）（参考p.194），酒本身就是很好的导热物质，而且又有足够的味道，烹调食物相辅相成。不过烹调过程要注意酒精残存量，避免过多酒精残存，影响应有风味，这样不但没加分作用，反而要扣分。

酱汁制作

收干——一个非常基本的动作。将酒加入锅里加热，沸腾，直到原本的酒分量减少，有些食谱要求剩下一半，有些要求剩下1/3~1/4，有些食谱或是厨师则是将酒汁完全收干，也就是煮到几乎看不到水分为止。收干过程使用文火，效果比大火收干来得好。制作酱汁的时候，收干酒液、高汤，再加上调味品，就是最简单现成的酱汁。

选用酒来调理食物3原则

（1）不要用自己不喜欢的酒——如果自己不会去喝这一款酒的话，就不要用这款酒来烹煮食物。

（2）选择风味能够互相搭配的酒——气味过于强烈或是太淡都不搭配，过与不及都不是恰当的选择。

（3）选择取得便利的酒——不要为了食谱中提到，或只因为是传说中的材料，就一定要得到某种酒不可，不然就无法开工，这样一来反而失去创作的精神。

酒在锅中收干

酱汁
Sauces

西式酱汁可追溯至公元前257年，罗马人以一些肉、内脏等材料混合腌制成为酱汁，目的是用来盖过食物的原有气味。至约19世纪30年代，法国人利用各种香料、酒类与其他液体搭配出五种基本酱汁（也称为法式五大母酱），成为各种西式酱汁之本。

酱汁大致分为衍生型与独立型两种；如果以温度区分，则可分为冷酱与热酱两种。

衍生型主要利用肉类的肉汁风味，直接加上调味料制成，例如在台湾大家最熟知的蘑菇酱与黑胡椒酱。

独立型则完全是另外调制，例如荷兰酱(Hollandaise)或蓝莓酱，跟原本主食没有关联，但是经过巧妙运用，却能搭配出调和的美味。

冷酱可以常温或放在冰箱保存，不需要加热就可以直接搭配食物使用，例如美乃滋、莎莎酱等。

热酱则是烹煮过后，直接与食物搭配食用，例如红酒酱与白酱。

使用酱汁最主要的目的：

（1）搭配食物口味，适当掩饰或补足主食欠缺之处。

（2）提供水分，补充食物在烹调过程中失去的水分。

（3）起到画龙点睛的视觉效果，让盘饰更美观。

（4）部分主食可以借酱汁适当调整口感，软硬咸淡相互搭配。

西餐最原始的酱汁制作，基本材料取自食材剩余的肉骨部分，例如骨头、紧实难以烹调的筋肉，经过长时间烹煮，可以将骨头及筋肉里面的胶质溶出，得到味足的高汤，再用以制作酱汁。

牛肉本身已经含有非常丰富的滋味，只要有一定品质的牛肉，经过简单处理，通常都能够自然展现美味。那到底要不要用酱汁？有的料理方式主张牛肉纯原味，像美式、日式以及部分欧洲地区，甚至有人主张连盐巴都不放；有的料理方式则是以酱汁为主角，牛肉好坏反而在其次，像法式料理，还有台湾常见的牛排料理。至于怎样做比较好吃，说实在的，饮食喜好几乎成为一种信仰，没有对错也无须争吵，自己喜欢就好。

锅底酱汁
Pan Sauce

选用适当的酱汁搭配食物，追求各口味的和谐共鸣，整体吃起来有共同提升的感觉，而不会是某个味道特别突出，或是酱汁口感太特殊遮掩过主食特色。可以搭配食物的并不只有酱汁，如果搭配得当，高汤、泥、糊都可以用来搭配食物，达到调味的功效。

加入酒的时机不同，酒精残存量也会不同。如果要把酒精减到最少，只留下酒的美味，可以在烹调初期加入酒。例如比较常用最简单的酱汁做法之一，用煎肉后锅底留下的基底（fond），直接加入酒或高汤萃取处理，就可以得到美味的锅底酱汁（pan sauce）。

煎完牛肉留在锅底的基底

萃取

煎过肉的平底锅，其锅底表面留下的看起来像烧焦的东西，其实包含了最浓郁的味道，法国料理称之为基底，里面有超级浓郁的肉汁膏及煎肉的香味，只要将这基底好好运用，它就是最好的酱汁原料。用一些液体，可以是水、高汤或是最常用的酒，趁着锅还热的时候直接加入锅中，就可以将这些高浓缩成分基底收起来。这个萃取的动作，也是西餐酱汁制作最基本的方法之一。这一招做得好，连我都可以简单轻易地做出牛排酱汁，所以也鼓励大家练习一下这种做法。

2个秘诀做好萃取

1.液体选择

虽说只要是液体，就可以用来萃取，但是还是要考量口味的搭配。也就是说，用清水也可以萃取，但是完工后酱汁的风味就会如君子之交，清淡如水；用高汤也可以达到效果，味道会比清水好；酒，就像前面提到的，烹煮加温，水分及酒精蒸发之后，剩下就是酒香了，所以用的酒会直接影响酱汁成品。

最常用的酒就是红酒，而其中用来做酱汁的最出名的，应属波特酒（Port）及马德拉酒（Madeira）。两种酒指的都是葡萄牙产的加烈* 葡萄酒，只不过产区和葡萄品种有所区别。

这两种酒口味与价格范围都很大。如果用在酱汁制作，其实以方便获得、不会造成负担就好，真的不行也可以考虑用雪莉酒（Sherry）替代。如果真的都找不到，没事要找事做的话，试试把注解中的几种元素加在一起，放在车子后面晃几个月后使用，然后别忘了结果跟大家分享一下。

也有讲究一点的，用烈酒来制作酱汁的。烈酒选择也很多，但是价格比葡萄酒贵，这时候就是以个人经济为考量了，从简单的威士忌，到昂贵的VSOP、XO，就看自己口袋有多大了。

* 加烈——早年水手们怕葡萄酒坏掉，加入烈酒想延长保存期限，没想到葡萄酒+ 烈酒+ 高温+ 木桶+ 船摇晃= 意外的美味。

2.锅具选择

不粘锅因为烹煮方便且具有不粘的特性，成为一般家庭最常用的锅。不过有利就有弊，煎牛排用不粘锅的话，会有几个问题：一是不适合高温烹调。二是因为锅不粘，所以煎完肉，锅底表面不太会残留基底，如果接着做萃取，得不到什么好味道的酱汁。

如果以相同的条件煎牛排，用不粘锅、铸铁锅跟不锈钢锅来做比较，煎完之后马上萃取做酱汁，可以发现，用不粘锅萃取出来的汤汁颜色浅而味道淡，铸铁锅居中，不锈钢锅则颜色深味道浓。所以，如果自己很喜欢在家里料理的话，一个质量良好的不锈钢平底锅是必需品。

萃取而得的锅底酱汁好做、味美又好搭配。好用的酱汁一种就够了，如果读者要学，还不如先学好这一种酱汁的制作方式。

基底加入红酒

红酒收干

加入牛高汤，再收干一次

萃取酱汁完成

常用酱汁
Common Sauces

马德拉酱（Madeira sauce）

马德拉酱属于衍生型酱汁的一种，是从牛高汤衍生出来的，加上调味酒收干，简单好做。

材料

棕色牛高汤	600 mL
马德拉酒（Madeira）（也可以用波特酒）	200 mL
黄油（切丁）	60 g
盐	适量
胡椒	适量

做法

1. 高汤用中火滚，收干至1/2。
2. 将马德拉酒加入高汤中，再以中火滚3~5 min，至酱汁味道酸甜浓郁、无明显酒味、浓稠度类似色拉油时即可。
3. 然后加入盐与胡椒调味。
4. 用小火低温（温度太高会让黄油分解成液态）拌入切丁黄油，搅拌均匀即可使用。

TIPS

1. 马德拉酒产于葡萄牙，本身比较甜，如不易获得也可以用波特酒（Port）、雪莉酒（Sherry）或是玛莎拉酒（Marsala）代替，再不然也可以问酒商找甜一点的红酒试试。
2. 牛高汤最好自制，要买的话以包装液态高汤比高汤块好。如果要再高档一点，也可以用小牛高汤（veal stock）或是双吊牛高汤（参考"5-3高汤"来制作）。

玛莎拉酱（Marsala sauce）

玛莎拉酱属于衍生型酱汁的一种，是从牛高汤衍生出来的，加上调味酒及香料即成。

材料

新鲜红葱头(切碎)	15 g
新鲜百里香（thyme）	1 支
月桂叶	1 片
干(不甜)红酒	125 mL
黑胡椒粒	1 g
棕色牛高汤	500 mL
玛莎拉酒	125 mL
盐	适量
胡椒	适量
黄油（切丁）	60 g

做法

1. 将红葱头、百里香、月桂叶、黑胡椒粒与干红酒加入锅中，以中高温炖煮至酒收干到1/2左右。

2. 加入高汤以文火滚至高汤散发出香味，汤汁浓稠度类似色拉油时，加入玛莎拉酒继续文火小滚。

3. 加盐、胡椒调味，酱汁味道与浓度都最佳时即可将酱汁过滤倒出。

4. 最后拌入黄油，搅拌均匀即可使用，或是冷却后冷藏备用。

蘑菇酱（mushroom sauce）

蘑菇酱属于衍生型酱汁的一种，这种蘑菇酱做法，吃起来可能会跟外面吃到的蘑菇酱不太一样。不管会不会做蘑菇酱，不妨试试以下做法。

材料

新鲜红葱头（切碎）	20 g
黄油	30 g
蘑菇（切片）	600 g
不甜白葡萄酒	125 mL
棕色牛高汤	500 mL
盐	适量
胡椒	适量

做法

1. 以中小火将切碎的红葱头用黄油小炒到出水透明，不是大火爆香，时间为10~15 min。

2. 加入蘑菇，炒到水分收干。

3. 加入白葡萄酒萃取，直到白葡萄酒收干。

4. 加入高汤，直到高汤收干至需要的浓稠度。

5. 加盐跟胡椒调味后即完成酱汁。

番茄酱（tomato sauce）

　　番茄酱属于独立型酱汁的一种，是几个基本酱汁中比较简单好做、口味佳、好搭配且变化丰富的酱汁。但是因为酱汁浓稠，用炖锅或厚重锅来做不易烧焦。

　　番茄酱可以有不同口感，喜欢泥状的可以用果汁机打成泥；喜爱块状的可以保留适当大小的番茄块，或是打成小碎块也可以。完成之后可以马上使用，若放入冰箱冷藏可以保存约3天。

材料

橄榄油	30 g
洋葱 (切碎)	120 g
大蒜 (切碎)	30 g
新鲜番茄	2.5 kg

※ 去皮去籽，去籽可以避免苦汁，依个人喜好可酌量增减250 g，或以2 kg 罐装番茄代替，根据口味可酌量增减。

香料	30 g

※ 欧芹 (parsley)、罗勒 (basil)、月桂叶。

盐	适量
胡椒	适量

做法

1. 以中小火用橄榄油将洋葱小炒到出水透明，用时12~15 min，喜欢重一点口味的，可以在这个阶段用中火将洋葱爆香。

2. 加入切碎的大蒜炒1~2 min 至发出香味。

3. 加入番茄，用文火小滚直到散发香味，实际烹煮时间会因为所用的番茄性质而有所不同，一般约为45 min，但要以实际味道及稠度来做判断。

4. 起锅前加入香料小滚2~3 min，并用盐跟胡椒调至所喜爱的口味。

烹调油脂
Cooking Fat

现代人重养生，吃东西怕油腻，听到油总是避之不及。其实人体少不了油脂，应该说根本离不开油脂，油脂是供应人体活动能量的来源，好的油脂更是维持身体机能与健康的必需品。

只是在过度摄食的环境里，油脂让人直接联想到是造成自己身体臃肿的元凶，其实不只是油脂，再好的东西都不应该过量摄取才是正确的吃法。

不管大家怎么说油脂不好，你我都会用油脂来烹调食物，而利用油脂烹调食物，有以下好处。

（1）热传导均匀。锅具无法与食物完全接触的时候，通过油，可以把锅的热度均匀地传递到食物接触面。

（2）传递气味，增加香味。脂肪不只是本身可以散发香气，锅中其他气味也可以通过油脂相互传递，又有些特定物质，例如β-胡萝卜素或茄红素，只溶于脂肪而较不溶于水，所以用脂肪可以做出用水做不出来的效果。如果再添加其他风味，会直接把味道传递至烹调的食物中。

（3）排除水分。脂肪与水不兼容，所以两者正常情况下不会混在一起。大家最常见到的状况是：东西一下锅发出滋滋的叫声，正是水分快速蒸发的声音。

> 警告：也因为这个特性，没控制好的时候会造成危险。最常见的情况是高温油炸的时候，把大量的水加进去，并不是有意的，有时候只是没有完全解冻，食物带着水进入极高温的环境，快速加热蒸发产生剧烈的反应，常常会引发着火。如果这时候心一急来个火上加水，那只会让燃烧的锅像爆炸一样地喷发。所以千万不要让大量高温油脂碰到大量的水，否则很可能成为明日的新闻。

（4）比水高的烹煮温度。水的沸点是100℃，不同油脂汽化温度在260~400℃，所以在比较高温的油脂中，可以轻易做出脱水——酥脆、焦褐的效果，这是用水再怎么煮都煮不出来的效果。

（5）让食物的口感更细腻、滑顺。

少了油脂，很多食物口感干柴，像全瘦肉、饼干等，同样是鸡肉，水煮跟油炸吃起来的效果不一样，其中就是油脂的差异。

油（oil）跟脂（fat）其实构造都一样，差异是在室温下，一个是液态，一个是固态。在此我们略过所有会让人昏睡的化学解释，只做很简单的介绍。

植物油：室温下大多以液态呈现，简单易得。

动物油：室温下大多以固态呈现，一般味道较重，较有个性。

黄油*：从乳品提炼出来的脂肪，味道香浓。

各种油脂熔化温度不相同，熔化之后的液态油脂是我们用来烹调的主要形态，油脂再继续加热同样会变成气体，但是大部分油脂加热到沸点之前就开始分解（此时的温度称为发烟点），分解就是成为看得见的气体。油脂既然已经分解了，味道当然就不是当初的香味了，所以油脂一旦加热到冒烟了，不但香味变臭味，烟气还可能引发着火，破坏食物味道。

下列是常用油脂的发烟点参考，可以协助读者找到适合自己烹调习惯的油。

温度（℃）	油脂
170	黄油
180	猪油
190	初榨橄榄油(extra virgin)
200	芥花油
210	芝麻油
220	葡萄籽油
230	花生油，葵花籽油
240	色拉油，高油酸芥花油

以上所列仅为参考，各种油脂会有不同的处理方式与添加物，多少有些差异，一般消费者不用记这些数字，最简单的方式是以实际发烟时机作为参考依据。

* 西方厨师们喜欢戏称英国料理只有一种酱，就是黄油；又喜欢说法国料理有三宝：一是黄油，二是黄油，三还是黄油。虽是油脂，但是有些教学中会将黄油归类为调味品，因为用到黄油的原因，是味道因素多于油脂的因素。

6

烹调方式
Cooking
Methods

烹饪 = 食物+ 热，就这么简单。

用特定的方式把食物加热，加上特定的调味方式，就是烹饪。

所谓的火候控制拿捏，不管食谱里面介绍的烹调方式有几百种，
变化得多花哨，归纳之后都能简单分成3 种加热方式。

烹饪
Cooking

烹饪 = 食物+ 热，就这么简单。

用特定的方式把食物加热，加上特定的调味方式，就是烹饪。

既然烹饪只是单纯的食物+ 热，那对于"热"就要有一定的认识。

所谓的火候控制拿捏，诀窍也就在此，不管食谱里面介绍的烹调方式有几百种，变化得多花哨，归纳之后有3 种加热方式。

热可以经过几种不同形式的传递，所以会出现煎、炒、煮、炸、烤、烧等调理方式。方式不同，温度不同，出来的结果也不同，所以对热的传递方式要有一定的认识，才能做出变化无穷的料理。

3种热源传递方式

辐射

在没有介质接触食物情况下受热，也就是没有锅、没有水也没有空气对食物加热，单纯靠电磁波(光) 的能量加热。最简单的例子就是阳光，阳光的热不靠空气传导，直接晒到你我皮肤上，传递热的模式就是辐射。

对流

通过流动介质将热与食物交换，例如把食物放进热空气、热水、热油中加热，可以达到烹调食物的目的。既然是用对流方式来热交换，介质的温度、密度和烹调的时间就有重要的关系，密度愈高热传得越快，密度越低热传得越慢。水跟空气就是最好的例子，把手伸进200 ℃的烤箱不会马上被烫伤，但是伸进100 ℃的水很快就受不了了，因为水的密度远高过空气，传热的效率比空气高约20 倍。

传导

热从温度高的一边向冷的一边扩散，我们最常见到的例子，就是把食物放进热的锅中，食物与高热的金属接触，热从金属传到食物表面，这就是传导热，也就是直接接触，而食物表面的热会向内部传送，也是传导热的形态。

热从外面传到食物里面需要时间，不一样的食物，不一样的厚度，不一样的起始温度，达到食物中心预定温度(熟度) 的时间也不同。像2 cm 厚的牛排跟1 cm 厚的牛排比较，到达相同中心温度的时间不会刚好是2倍。同样，2 cm 厚的菲力牛排与2 cm 厚的纽约克牛排或肋眼牛排，达到相同熟度的时间也不同。热在不同食物内部传递的速度也不相同。所以几乎没有什么完美的方法可以预测熟度，唯有靠经验，测量温度，看肉的形状与检查嫩度来正确判断熟度。

大部分的加热模式，都结合了几种热传导模式，最明显的例子是炭烤。如果把肉放在炉火侧边，那是辐射热；如果放在炉火上面，就是辐射加对流；如果放在烤架上，那就是辐射加对流再加传导3 种方式了。

TIPS

用较高的温度来烹调牛肉，虽然烹调时间可以缩短，但是高温会使牛肉外层与内层温差比较大，如果用来烤大块的肉，等到中心温度到达预定熟度的时候，外层就会有过熟的情况产生。

相对地，用低温来烹调，时间会变长，但是整体内外熟度比较均匀。

煎
Saute

煎牛肉，有传导热与对流热两种效果。

用锅煎牛肉，是家里面最可行的制作方式。要煎好一块牛肉，少不了平底锅，不同的锅煎出来的牛排味道有差异，所以要动手煎肉之前，可以先参考前面第1章中平底锅的介绍与选择。

选完锅之后，就要做牛排了，原则上煎牛排最好使用不锈钢锅面，需要高温时则铸铁锅为首选。

3个不建议使用不粘锅的理由

（1）如果要使用高温让肉表焦褐，不粘锅无法高温煎肉。

（2）留不下基底，如果要直接萃取做酱汁，不粘锅做不出来（参考第5章）。

（3）如果后续要进烤箱，不粘锅只能用比较低的温度烤。

TIPS

如果要用超高温煎牛排的话，则铁锅最耐高温，但是相对的调味料不要多放，像胡椒就不能煎过头，不然会产生苦味，所以上桌再加胡椒也是不错的吃法。

这样煎牛排更美味

秘诀1——先煎再烤

先煎过再进烤箱烤，这种做法是因为后续加热温度比较温和，牛排会比较软嫩。

（1）热锅加油，油热之后，牛肉下锅，每煎一面约1 min，直到肉表面焦褐，只翻一次面。

（2）肉两面都煎过，锅离开热源后，肉翻回第一面，这样交互加热第二面才不会过热。

（3）进190 ℃烤箱，看需要的熟度烤5~25 min。

（4）中间要上下翻面一次，肉熟度才会均匀。

热锅加油（可有可无）

煎至肉表焦褐

进烤箱继续烤

翻面一次

秘诀 2——直接在平底锅煎熟

直接在平底锅煎熟，在锅里反而要用比较低的温度。这种做法比较简单，但是肉表干硬的部分会比较多，吃起来没有第一种做法那么嫩。

（1）热锅加油，油热之后，将牛肉下锅。

（2）每一面煎2~4 min，直到肉表面焦褐。

（3）只翻一次面。

直接在锅里煎到熟，只翻一次面

淋油

淋油是烹调基本功夫，方法是在烹调过程中，持续把脂肪或酱汁淋在肉表的一种烹调方式。这样做不仅可以保持肉的湿润，持续调味，也可以让食材整体温度更均匀，借由控制油脂酱汁温度的高低，就可以做出不同程度的焦褐效果，呈现不同的风味。

做法是在煎肉的过程中，把平底锅稍微提起来，让油跟肉汁集中在一个角落，再用汤匙舀起油脂淋回肉表。这种做法很简单，烹调出来的成品效果很好，损失水分比较少，熟度均匀而且牛排软嫩。过程中还可以在油脂中加入香草，让牛排产生多重风味。

淋油方式不只用在牛肉，白肉、海鲜都适用，喜欢烹调的人一定要试着练习这种烹调的方式。

利用油脂料理秘诀

	烹调液体	温度	主要差异
煎 saute	油，少量	160~180 ℃或更高	油少，甚至不用
浅炸 pan fry	油，约食物的 1/3~1/2深度	160~180 ℃或更高	半煎(食物接触锅面) 半炸
炸 deep fry	油，盖过食物	160~180 ℃	食物不接触锅
炒 stir fry	油，适量	160~180 ℃或更高	肉小块， 食材要不断翻炒

炭烤
Grill

炭烤炉可以产生非常高的温度，所以可以制造其他料理方式无法达到的效果与味道。

炭烤属于比较高温、快速的料理方式，适合比较嫩一点的肉（不是加嫩肉精的肉），或是小块一点，3 cm 以下薄一点的肉；相反的，烤箱就是温和的料理方式，适合大块烤肉。

选择炭烤的主要原因，除了简易性、特殊香气之外，烤肉的乐趣也让人难以抗拒。

生火

选择所用的燃料——木炭，还有天然气。

木炭

便宜，但是温度控制比较麻烦。

用木炭炉烤肉，生火的时候一定要先考虑到如何灭火，尤其是那些想直接用油浇在火上助燃的人，火上浇油很危险，应该先考虑其他的生火方式。

一般人听到生火就抓头皮，其实只要掌握从小到大的生火诀窍，甚至连火种都可以省略。所谓从小到大，就是将最容易燃烧的如木丝、木屑，放在最下面，上面放比较持久的材料如木片、竹片，再上层放再持久一点的燃料如薄木块、竹块，最上面才放木炭。这样生火成功率会比较高，可免去使用火种的怪味，或是使用燃油的味道与风险。

曾有案例就是在烤肉的时候，看火生得不顺利，有人拿起燃油直接往火里加，结果火往回烧，惊慌之下油洒到身上，衣服上都是燃油，因此酿成不幸。所以只有方法正确，生火才可以简单又安全。

炭火温度不像烤箱那么容易控制，所以没把握的话，用最稳定的火来烤肉。也就是木炭经过大火燃烧，开始减小，木炭表面呈现白灰色，火焰不明显的时候，温度比较稳定。

如果有把握，而且想要生一点的肉，也可以利用最大火，等火种或油味已经消失的时候开始烧烤，效果会不太一样，可以制造出表面酥脆里面生生的感觉。

天然气

　　天然气使用方便，点火就来，不用生火吹气吹得大家头昏脑胀，有些还会有温度计，不过造价比较高。使用天然气炭烤炉烤肉，相对之下温度比较好控制，也比较安全。要使温度稳定的话，有些还会在火焰与肉架之间做个缓冲层，有用金属的，也有标榜用石头、火山岩的。理论上石头保温效果比较好，实际中以自己习惯就好，不用盲目跟风。

　　警告：不管是天然气还是木炭，都会产生一氧化碳有毒气体，虽然不用过度担心，但都应该在空旷通风良好的地方使用。肉烤得好不好还在其次，安全一定要先考虑到，避免发生危险。

一根火柴的生火速成法

炭、厚重木块
（要有缝隙让空气进入）

轻薄木块
（要有缝隙让空气进入）

竹片、木片
（要有缝隙让空气进入）

纸、干草、木屑
（要有缝隙让空气进入）

大型炭烤炉

烤肉架通常以铸铁做成，有些还可以加阳极涂层，降低食物粘黏机会。铁制烤肉架清理方式跟铁锅一样，不用水洗，更不能用清洁剂。

清理时机，有人习惯烤完肉之后清理，有人习惯烤肉前清理，如果没有特定喜好，可以在每次烤肉前清理就可以了。烤肉之后的油污呢？

烤完肉之后，上面油污其实刚好包覆着铁架减少生锈机会，只要除去厚重油污即可，下次开炉生火再趁高温烧铁架的时候做仔细清理。清理方式则是利用生火期间热度，直接加热铁架，原本油污灼烧之后会软化，细菌也因为高温而消除，这时候用铁刷把铁架用力刷干净，长一点的刷子会比短刷安全。烤肉之前再把烤肉架轻轻刷上一层油，最简单的就是将现有的肉切一点脂肪就可以用，或是用干净纸巾沾一点色拉油，从烤肉架远处向自己刷过来，避免不小心油烧起来烧到手。

完成之后就可以把肉放上去烹调了。

先用铁刷刷干净

用油抹干净

或用动物油代替

如果烤肉炉够大，应该把炉子分区，区别成高温区与低温区。高温区用来烧灼肉表，低温区用来温和烤熟牛肉内部，具有像烤箱一样的功能，肉要在高、低温之间移动，达到想要的效果与熟度。

大型炭烤炉烤肉

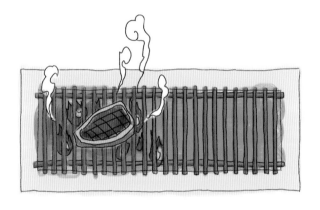

1. 双面大火烙印

高温区　　　　　低温区

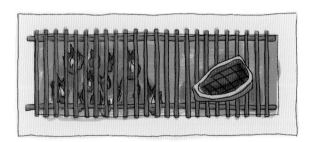

2. 小火继续烤熟

有的烹调法坚持只能翻一次面，这样热度才能一次到位；有的烹调法则是不断翻面，要求熟度均匀稳定。两种做法效果有些差异。

如果肉比较薄，约2 cm以下，同时要紧实一点的口感，那就翻面一次就好，烤肉时间也可以缩短；相对的，如果要软嫩一点的口感，或是肉很厚，厚过2 cm，那就可以不断翻面保持热度均匀，熟度稳定。每2 min，每1.5 min，每1 min，还是每30 s，那要看自己有多少时间来烤这块肉，不断翻面烤肉花的时间也会比较长一点，完全看自己硬件与喜好而定。

小型炭烤炉

烤炉面积小，不容易分出高温低温区，可以用比较稳定的炭火来烤肉，借着烤肉架高低来控制温度，烤出自己喜爱的风味。不过因为温度不如大型烤炉好控制，所以用1 cm以下薄一点的肉比较适合，等到烤出心得，练习差不多了，再慢慢增加肉的厚度，降低失败风险。小型烤炉一般使用简易型烤肉架，所以只要火生好，油轻轻刷一下，就可以开始烤肉。

小型炭烤炉烤肉

高温区（低一点离火比较近）

1. 双面大火烙印

低温区（高一点离火比较远）

2. 小火继续烤熟

使用炭烤炉，还可以看情况增加烤肉风味，在炉火中添加一些有味道的木块，或是在烤肉架旁边放些木头，或是将这些木块泡水，再放进炭火中产生烟，制造烟熏效果，都可以增加风味。

常用的香味木块有樱桃木、苹果木、山胡桃木，都是不错的选择，要不然一些香料叶子或是葡萄干树枝也不错。如果可以找到这些材料的话，不妨在烤肉的时候加一些，试试不同风味。

烙印锅

烙印锅是一种平底锅，锅底形状做成像炭烤炉条状，材质为铸铁，或者选用不粘锅，目的是在一般家庭厨房也可以制作出炭烤效果的牛排。

因为一般家庭不会在家里摆上炭烤炉，所以这种锅的温度控制得当，的确可以在家中制作出外观像炭烤炉烙印牛排的痕迹。不过因为少了真正炭的香味，所以如果只是要外观的话，可以考虑使用这种锅；如果要的是炭烤香味，这种锅就没有办法提供炭烤的香气。

上火烤
Broil

上火烤又称炙烤，这里我们直接称作上火烤比较容易了解。刚好跟炭烤相反，上火烤的火源是在食物正上方。

这种方式一般用电热管或天然气来加热，上火对牛排加热，牛排向下滴的油脂肉汁不会滴在火源上，所以比较不会产生大量失控的烟雾。再者基于热向上走的特性，上火烤的效果比较容易产生在肉表面，进入到牛排内部的热会少一点。所以想要牛排表面酥脆焦褐，但是又要焦褐层薄一点的话，那就要用上火加上高温，这样产生出来的焦褐层才可以又酥又薄。

一般家里面的厨房不太会装备上火烤箱（broiler），最多就是家庭烤箱的上火功能，只是一般家用烤箱的上火功能所产生的热度比不上专业上火烤箱，所以不容易做出专业效果，真的调到最高温了，家里面排烟又是个问题。除非家里面厨房的建筑结构的预算没有上限，要不然并不容易复制专业厨房和专业上火烤箱的效果。如果想用家用烤箱制作出最接近专业上火烤箱效果的话，可以把烤箱上火调到最高温，烤箱保持微开启来烤牛排，避免温度到了预定温度烤箱会切断热管电源，这样可以达到比较接近上火烤的效果。

上火烤

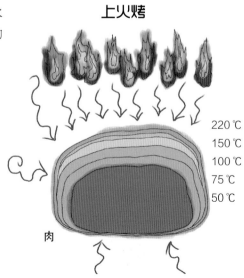

220℃
150℃
100℃
75℃
50℃

肉

锅炙
Pan Broil

利用锅具，加热到很高的温度再放入牛排，这样的做法可以制造出仅次于炭烤的焦褐效果。

先找一口耐高温的锅，再确认家里面排烟没有问题，二者缺一不可。锅具以铸铁锅为第一选择，没有铁锅再找优质不锈钢锅。如果都没有，只有廉价不粘锅，则不建议采用这种做法。因为会有大量烟雾，家里排烟不好的，也不要尝试这种做法。就有一次我不信邪，出游到拉斯维加斯，看到房间有厨房，买了牛肉就开工。结果浓烟触动烟雾侦测器，造成度假村楼层疏散，整个走廊烟雾迷漫，所幸没被当成恐怖分子逮捕，最后离开度假村时，楼层还可以闻到牛肉香味。

调味的时候把油抹在牛肉上，而不是倒在锅里。

锅加热到高温，最好250 ℃以上，牛排下锅，2~3 min后翻面，翻面后再煎2~3 min，大约是五成熟的熟度，中间只翻一次面，熟度达到时完成。煎肉时间跟肉的厚度有绝对关系。以上时间是以2.5~3 cm厚的牛排计算的，不同厚度、不同熟度时间另计。

炉烤
Roast

炉烤是运用比较温和、间接的方式来加热食物。典型的炉烤加热方式，辐射热、对流热与传导热的比例大约是50：45：5，不同制造厂家或是有无旋风机构都会有些加热效果上的差异。若要细分，炉烤与烘焙基本上都是一样的原理，一样的器具，只是炉烤多指的是蔬果肉类，烘焙则多为面包糕点。

可以用锅、炉子、烤箱、炭烤炉来做出炉烤效果，因为加热方式是先加热炉壁，再由炉壁产生的辐射热，加上流动的热气来加热食物，所以比较间接、比较慢，但也比较均匀，适合用在大块、厚片食材，或是比较软嫩的部位，像牛排中的菲力、肋眼、纽约克，都适合炉烤方式加热。另外全鸡、火鸡跟蔬菜类也可以用炉烤方式料理。也因为间接加热的关系，所以炉壁的材质会影响加热效果，导热慢的材质，保温效果与均匀度就会比较好。炉壁是石头、陶瓷做的，热均匀度就比金属的要好，需要均匀受热的食材就可以选择这种类型的烤箱。

烤箱温度

台湾的食谱里面常会提到，烤箱预热200℃，上火几摄氏度，下火几摄氏度。

那如果不是用200℃来烤肉会怎样？可以用高一点或低一点的温度吗？一定要上下火一起用吗？

我们先看看这200℃烤肉，温度是怎么决定的。

其实用特定温度烤肉只是经验值，可以用高一点或低一点的温度，肉一样会烤熟，但是烤肉使用时间会不一样；不同温度烤肉不只是时间上的差异，不同温度烤出来的肉，效果、口感也都不一样。

用低一点的温度烤肉，牛肉内外受热比较均匀，温差比较小；高一点的温度烤肉，内外温度差会比较大，外层温度愈高，流失肉汁愈多，肉就愈干涩，这种温差的情况，在大块的肉上面会更明显。

所以在烤大块牛肉，像整块肋眼、整块纽约克、整条菲力、整只鸡或是火鸡，不宜使用高过200℃的温度来烤，反而是使用125~150℃的较低温来烤才可以得到比较均匀的熟度。时间充裕的，可以用100~120℃来烤肉，那到底要烤多久呢？

想找网络食谱每千克烤几分钟的公式吗？不如把这个精力拿来买个烤箱用温度计，温度计的价格比起整块牛排要便宜多了。

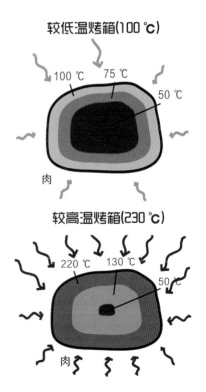

较低温烤箱(100℃)

100℃　75℃　50℃

肉

较高温烤箱(230℃)

220℃　130℃　50℃

肉

上火下火的差异

下火其实不一定来自烤箱下方，很多旋风烤箱都是把热管放在风扇周围，风扇带出来循环烤箱的热风充满整个烤箱，除了热风的对流热之外，还有烤箱内部材质加热之后散发出来的辐射热，两者一起作用对食物加热，把食物烤熟。

烤箱有风扇会让整个烤箱温度比较均匀，同时增加热对流的效果，所以一般旋风烤箱传热效果比较好，使用温度会比无旋风烤箱低25~30℃，避免食物过度加热。

而上火就真的是把热管放在食物上方对食物加热，刚好跟炭烤从食物下方加热的方式相反。因为热气是往上走的，所以食物放在火下面，靠辐射热的成分就更多了，这样烤的好处是一些油脂肉汁被逼出肉本身的时候，向下滴不会滴在火源上，避免产生不想要的成分与气味。还有若是要单纯对食物表面，尤其是上面制造焦褐效果，传入肉里面的热度会比较少，缺点就是食物上、下面的温差很大，除非有循环或旋转烘烤系统，要不然不要单独用上火来烹调大块食物。

第一次烤大块牛肉就上手

（1）将牛肉退冰到室温，1~2 h 不等。

（2）准备一支温度计，最好是探针可以进烤箱、显示器在烤箱外的数字温度计。

（3）烤箱温度用100~120℃烤肉，不要用上火。

（4）肉要记得前后上下翻面，温度比较均匀。

（5）按照预定温度/熟度提前10℃出炉（参考p.200"熟度"叙述），温度计先留在肉里面，静置10~60 min，直到温度不再升高。

如何处理焦褐表面

既然焦褐酥脆肉表无法封住肉汁，只是为了味道（参考p.211），所以烹调牛排也可以先把肉烤熟，晚一点再做肉表焦褐处理。

先小火后大火

对大块牛肉，如果先用大火烤外层，紧接着以较低温烤内部，肉块外层会保持着相对高温，也就是说肉内外温差比较大，肉汁流失会比较多；相反的，如果肉先用低温烤好，这时肉表的确不会有焦褐情况，但是一些蛋白质跟糖分会被排到肉表，水分也比较少，静置一段时间后，肉表少水、多糖、多蛋白质的状态，刚好是制造焦褐肉表的最佳条件。这时再用大火烤外层做焦褐，温度会停留在肉表，享用牛肉的时候内部熟度不会改变，整体效果反而比较好。所以，把以往"先大火，再小火"的顺序颠倒过来，先小火(低温)，再大火(高温)，反而可以烤出熟度均匀、外表酥脆、香味丰富的大块牛排。

淋油

烤肉过程中，另一个制造焦褐表皮的方式是淋油，前面用平底锅煎肉淋油的方式也可以运用在烤肉过程中。

淋油常被运用在烤肉中，是烤肉的基本功之一，做法是在烤肉过程中间，把肉汁、油脂或酱汁淋在肉表面，制造焦褐表层。这里的做法不用准备任何酱汁，只要把滴在烤盆上的肉汁油脂，用刷子沾一下刷回肉表就可以了。

滴在烤盆里的肉汁富含蛋白质跟糖分，还有进烤箱前的调味品，这些加起来就是形成焦褐层的最好材料，直接刷回肉表，烤一下就色、香、味俱全，简单好做，适用于鸡、猪、鱼各种烤肉，要学烤肉就要学会这一招。

如果要用油脂，就用黄油。因为黄油是牛奶提炼出来的，含有丰富的蛋白质与糖，加上本身无可取代的香气，所以可以轻易制造出非常好的焦褐效果与特殊香气，是淋油做法的首选油脂。

烤盆

烤盆的选择，边缘四周不能太高，以免影响热度传递，最好下面有网架，避免直接接触烤盆表面而变成"煎"的效果。

如果没有烤盆，也可以直接在铁锅或不锈钢锅放肉，再放进烤箱烤，记得在锅底铺上一层缓冲层，洋葱、胡萝卜、西芹、香草叶都是很好的选择，不仅提供香味，也避免锅面产生对牛排直接加热的效果。

有些高档铜锅更好用，先用来煎牛排表面，双面表面焦褐之后就可以取出放旁边，将蔬菜直接放入锅中快炒一下，再把牛排放回锅中，下面垫着蔬菜进烤箱烤，完成之后整个锅直接上桌，是少数好用又好看的实用锅具。

干式烹调法（dry method）

各种方法可以单独使用，也可以互相搭配，效果都不一样！

	效果	温度	器具	主要差异
烤 roasting	熟度温和	100~220 ℃ 热来自炉壁与热气	烤箱/烤炉	多用于肉类
烘 baking	熟度温和	100~220 ℃ 热来自炉壁与热气	烤箱/烤炉	多用于蔬菜、糕点的温和加热
炭烤 grilling	热度高，肉表颜色深、味道重，形成焦皮较厚	炉具极限	炭烤炉	热源在下
上火烤 broiling	热度高，肉表颜色深、味道重，形成焦皮较薄	炉具极限	烤炉/烤箱	热源在上
锅炙 pan broiling/ grilling	热度高，肉表颜色深、味道重，形成焦皮较厚	炉具极限	平底锅	用锅模拟高温炭烤效果
熏烤 smoke roasting	较高温烹调，食物有烟熏、木材的香味	与烤箱同温度	烤箱/烤炉	可直接与烤箱配合完成
烟熏 smoking	中温烹调，食物有烟熏、木材的香味	75~85 ℃	熏箱/ 熏炉/ 熏锅	食物可直接烹调至食用熟度
冷熏 cold smoking	低温烹调，食物有烟熏、木材的香味	4~38 ℃	熏箱/ 熏炉/ 熏锅	如生肉，通常要搭配其他处理方式，如盐渍(鲑鱼)或干燥(火腿)

波煮
Poach

波煮又称为水波煮，是西餐烹调基本技巧之一，有别于一般把水烧开到100℃的水煮。波煮的温度相对比较低，因要煮的食物而异，水温会控制在70~85℃，大概是汤汁表面开始波动，但是不能有明显泡泡出现。有些特定料理方式温度更低，所以我觉得叫作温煮会更容易理解，这种煮法如果配合温度计就更容易控制汤汁温度了。

再者，一般用清水煮东西会让食物味道变淡，以波煮的方式，常常要在液体中加入足够的味道，比如用高汤来煮，其中除了加盐之外，再加入酒、醋、果汁及香料，就可以煮出足够风味的餐点。

波煮的好处是利用导热性佳的液体，可以快速把热传到食物，并且利用较低温度，介质温度跟食物目标熟度很接近，所以食物比较不容易煮过熟。蛋白质加热过程中，水分会流动，不像其他干式烹调法水分往外流，湿式烹调水分也可以进出细胞，煮出来的成品因水分饱足所以会很嫩，而且汤汁与肉品味道水乳交融，剩下的汤汁很容易就变成美味的酱汁，如果用不完也可以冻起来下次再用。

西餐海鲜与白肉也适合此烹调法

波煮还可以分为焖（shallow poaching）和深波煮（deep poaching）。焖是将食物浸一半在液体中，盖上盖子，一半水煮，一半靠蒸汽与热气；深波煮则是直接让液体淹过食物，将食物烹调至需要的熟度。深波煮在海鲜跟白肉的烹调上运用也很多，不过这些食材更适用于焖的方式。在这里先介绍深波煮（以下简称波煮）用于牛排的做法，焖煮暂且略过。

先将波煮的汤汁准备好，牛高汤是必备选项，如果懒得自己熬，买现成的也可以。也可以牛高汤加猪高汤各一半，讲究一点还可以设法找小牛高汤，跟牛高汤调和而成。盐是一定要的啦，而且要放够，不然煮起来的肉会没味道。

再者可以准备自己喜爱的红酒，法国勃艮第或薄酒莱都是不错的选择。总之选自己喜爱会喝的酒就对了，啤酒也是不错的选择。

水果部分，喜爱甜味的可以选择苹果、番茄，搭配牛肉非常理想而且失败率低；调味蔬菜部分，大蒜、蒜苗都可以很称职地带出牛肉香味，其他则可依自己喜好调整，不过味道重的迷迭香、鼠尾草等要谨慎使用，不妨选择淡雅的欧芹、百里香，如果没有也没影响。一些中式炖肉常用的姜与白萝卜则要避免使用，不然口味可能不好控制，甚至有可能产生一些苦味。辣椒、八角则可视个人喜好加减。

波煮过程中不盖锅盖温度比较好控制

汤汁准备好了之后倒入锅中，先不用加热，冷水就可以直接加入牛肉，如果喜爱表皮酥脆口感的，就不适合这种做法，因为浸在汤汁中，干酥表面不会再现。如果是为了视觉效果，或是焦褐表面的丰富味道，可以将牛肉表面煎过或烤过之后再波煮。材料都进锅了，就可以开始加热，加热到水面开始波动，还没有泡泡产生，就可以准备进烤箱了，整个烹煮期间如果有杂质浮上表面，要马上捞除。

烹煮过程不要盖锅盖，盖上锅盖会造成压力上升，连带着温度也跟着上升，要精准控温就没那么容易，失败率大为提高。

进烤箱的目的是控制稳定的温度，一般来说汤汁温度大约为烤箱温度的一半，所以锅具进160℃的烤箱，里面汤汁大约会在80℃。但是随着烤箱、炖锅的不同，汤汁的温度也会有差异。

如果没有烤箱，或是锅具不适合进烤箱，也可以在炉子上直接持续加热，这种做法要用温度计比较容易成功，因为有时候汤汁2~3℃的温差看不出来，但是对敏感的食物就会造成明显的差异。

特定的肉品会让波煮后的料理更好吃

喜爱软嫩口感的，可以选择菲力、肋眼；稍有嚼劲的，可以选择纽约克、牛小排；要有筋有肉的，选择板腱、后臀、腹部等。但是肉质不一样，使用的温度也有差异，而且很重要。例如菲力，几乎没有筋没有油，适合低温煮，高温肉反而会变柴；而纽约克、牛小排，有细筋与油花，适合稍高一点温度，否则烹煮肉筋的温度不够，没有办法让肉筋软化，吃起来会嚼不烂；再有像板腱、后臀、腹部等部位，就要更高，90℃以上的温度，才能够将肉筋煮软，容易入口。

所以不一样的肉要用不一样的温度，不然就煮不出特性，没那么好吃。我个人认为，波煮的成品软嫩，所以没有筋的菲力是最好的选择，其他有筋的肉，低温煮不软，高温又像卤的，不如直接用菲力，简单甜美。

有些料理方式也可以用真空包装或

包装袋直接丢进水中波煮，不同温度会让有些材质释放出不同物质，所以要确认的是包装的材质必须是可以加温的，要不然加温后释放出有毒物质反而深受其害。

这种做法的好处是方便，而且用清水煮也不怕味道散失，但是这并不是一般家庭都可以做到的，比较常见于餐厅或中央厨房。

黄油煮
Beurre Monte

基本上跟波煮很类似，只是将汤汁改成黄油，借由黄油特殊的性格，烹煮出特殊风味的牛排。

黄油煮用在海鲜料理的时候，几乎可以将食物直接丢进黄油中，黄油本身就是很好的酱汁，所以调味料可以少用一些，烹煮过程食材的味道还可以融入黄油之中，黄油风味也可以为食物加分。

另外的好处，烹煮过程中的肉汁几乎可以留在食物中。烹调完成之后，也可以直接将食物留在黄油中，不仅保温，还是保存味道最好的介质。食物取出之后，锅中黄油可以直接舀出用作酱汁，剩下的冻起来就好了，下次再用。

用于牛排的时候，有一些差异。可以在牛肉正常处理好进烤箱之前，舀一勺黄油酱汁，淋在牛排上，让黄油酱汁均匀覆盖牛肉，再进烤箱正常烤牛排即可。

这样做可以在烤箱与牛肉之间形成一层缓冲层，肉排烤起来熟度会较均匀，而且肉汁比较不会外渗，烤完之后直接静置，黄油层可以将肉汁留在肉里面，牛肉自然就更嫩了。

黄油酱汁的做法

黄油是鲜奶油做出来的，只不过一个是固态，一个是液态，脂肪含量不太一样。要将黄油恢复成液态，可以将黄油直接加热，直到油脂与固形物分离，上层漂浮透明的就是澄清黄油（clarified butter），下层会沉淀一层固形物，澄清黄油看起来就像一般黄一点的油一样，舀出来就可以直接用。

另外，也可以将锅具加热，黄油下锅之前，先加一点水，水热了之后，就可以慢慢将黄油分批加入搅拌。这样的做法是黄油熔化之后呈不透明状，却保有液态形式，这种黄油被称为beurre monte。这里说的黄油煮，就是使用这种黄油作为汤汁。

用液体、汤汁烹调还有几种做法，因为制作牛排比较少用到，在此仅以列表形式做大致比较，有兴趣的人不妨自行变化，无须拘泥于这些规则。

液体、汤汁烹调法

煮					
	变化	介质——稀；不做肉表焦褐处理	温度	锅具	主要差异
波煮poaching		水/高汤/酒，盖过食材	80 ℃或更低	煎锅/酱汁锅/炖锅	不盖锅盖，适合嫩的肉，不需全熟烹调
	焖shallow poaching	水/高汤/酒，淹过食材一半高度	80 ℃左右	煎锅/酱汁锅/炖锅	盖锅盖，半焖半煮，适合嫩的肉，不需全熟烹调
熬simmering		水/高汤/酒	约90 ℃	酱汁锅/炖锅	适合较硬、有筋、带骨的肉，大多全熟烹调
滚boiling		水/高汤/酒	100 ℃	酱汁锅/炖锅	适合较硬、有筋、带骨的肉，大多全熟烹调
	余烫 blanching	水/高汤/酒	100 ℃	酱汁锅/炖锅	煮的时间短
蒸 steaming		水/高汤/酒，食材不跟液体直接接触	>100 ℃	蒸笼/蒸锅	较不会冲淡风味，适合较硬、有筋、带骨的肉，全熟烹调
	快锅 pressure cooking	可稀可浓	120~130 ℃	快锅	用高温快速把筋肉煮烂，不一定能入味
炖					
	变化	介质——浓稠，可作酱汁使用；做肉表焦褐处理	温度	锅具	主要差异
卤 braising		浓汤/酒，盖过肉1/2 ~ 1/3，配菜味道重	90 ~ 100 ℃	炖锅+盖	肉大块可带骨，先烹调再分切
炖 stewing		浓汤/酒，盖过食材，配菜味道重，淀粉比例高(如马铃薯，肉裹面粉)	90 ~ 100 ℃	炖锅+盖	肉小块，先切块再烹调

熟度
Doneness

熟度到底是什么

适度加热，牛肉口味会变得更好，但是加热过头，口感与味道急剧下降，不仅肉汁流失吃起来较柴，肉本身香味也改变，反而失去最佳状态。

牛排熟度，就是牛肉烹煮程度的说法，很难用单一的方式来做精准判断，而且每个人对牛排熟度的认知与感觉都不太一样。不过可以确定的是，熟度不对，很可能搞砸一份牛排。一般人多以按压方式来判断牛排熟度，不过这样的方式需要经验，误差很大，也很难传授，比较适用于经验老到的厨师。

5个食物加热的目的

1. 杀菌

肉类本身多少都含有细菌，经过适度的烹调，加热到特定温度，就可以杀死某些细菌，吃起来比较安全。

2. 容易消化

变性后的蛋白质比较容易被人体消化酶分解。

3.改变口感，容易咀嚼

因为热度使蛋白质结构改变，连带着肉分子之间的含水结构也改变，让加热之后的肉与生肉吃起来感觉不一样。

4. 改变口味

不同加热方式会产生不同风味，比如煎的味道就跟煮的不一样，炉烤又与炭烤味道不一样。

5. 改变食物的外观

温度会让肉的颜色改变，例如生牛肉是红色的，煮熟之后就是褐色，而过度烹煮就成焦褐色(大火炭烤)，视觉效果都不一样。

熟度的定义及决定熟度的方法

那熟度到底是什么？我认为就肉类来说，熟度是肉跟温度的变化关系。

进一步解释，蛋白质在不同温度状况下，会有不同状态，呈现不同反应，不管是结构、颜色、含水程度、味道，总之都跟温度有关系，所以温度是决定熟度的最关键因素。

当蛋白质遇到热

正常蛋白质个体是独自存在的状态，卷曲结构则由其间的链节拉着，保持卷曲的形状，蛋白质跟蛋白质之间最主要成分就是水。因为蛋白质中间的水分多，可透光，所以有些蛋白质，像蛋白就是最好例子，在生的时候看起来几乎是透明的。

蛋白质一遇到热，固定住卷曲结构的链节会开始分离，就像把纸卷松开一样，蛋白质会呈现松散状。这些定型用的链节松开后随意飘动，不过随意飘动的链节只要一碰到其他蛋白质，又会马上结合在一起，结合之后就会把原本松散的空间填满，光线透不过来，煮熟的蛋白就变成不透明的白色了，这就是蛋白质受热后的质变。

质变不只颜色变化，蛋白质与蛋白质之间原本存在的水分，因为这个质变，整体空间会变小，空间变小就会把水分排挤出去，所以煮过的肉体积会变小就是这个原因。如果继续加热，温度愈高，链节会更紧实，损失的水分更多，肉就更小更干硬了。所以如果餐盘里面看到八成熟牛排比三成熟牛排的血水还多，不要觉得奇怪。一般牛肉中的水分约占总重七成的重量，牛肉烹调过程会损失15%（五成熟）~50%（牛肉干）不等的重量。牛排水分多寡会影响牛排嫩度，所以熟度不同，嫩度也会不同。

当肌肉遇到热

以牛肉为例，蛋白质遇热的变化，表现在肌肉中，就是肌肉本身开始收缩，排挤水分。肌肉开始加热一直到50℃左右，先是横向缩小，到这个阶段只有少量的水分损失；温度继续升高，肌肉长度开始收缩，水分就开始大量被排挤出来，牛肉就是干硬的质感了。

也是因为这个原因，所以说一个厨师的火候掌握是非常重要的，精准的温度控制可以直接决定牛排的口感与风味，不可不察。

现今欧美肉类制作方式，用温度来决定熟度是比较客观统一的方式。不过看温度虽简单客观，还是有些问题。比如说一般家庭并不会准备烤肉用温度计，如果有的话，也要定时调校以确保指示正确；即使作用正常，探针也要确定量到的是肉的中心点温度，不然熟度也不对。下表是美国农业部建议的牛肉熟度与温度对照表，因为跟欧洲或是台湾一般认知标准仍有些出入，在此仅供参考，不用照单全收。

厨师还有更血淋淋的烹调方式，仅在牛排外层加热焦褐，内部保持冰冷生肉状态。不过这种肉要够安全，要不然别轻易尝试。不同肉类如猪肉、禽类、海鲜、羊肉，会有不一样温度标准与特性，这里不多做赘述。

如果家里没有食品温度计可以测量牛排温度，那就用计算时间加上按压牛排本身，看嫩度来决定熟度。

熟度	温度（℃）	备注
rare	52	生——比照台湾约三成熟
medium rare	55	适中略生——比照台湾约五成熟
medium	60	适中——比照台湾约七成熟
medium well	65	适中略熟——比照台湾约八成熟
well	71	全熟

计时法

其实烹煮的器具、厨房环境以及肉的体积大小都不一样，如果用时间来统一规范并不严密，但是计算时间却是一般人或初学者最容易参考的依据。计时虽然简单，但是因为变量实在太多，误差也很大。每个人用的锅、炉子不一样，肉的质量、厚度不一样，牛肉起始温度不一样，实在很难用同样标准来衡量。

所以计时方式比较适用于不太需要经验判断的地方，使用的牛肉与做法有固定的模式，或是大型厨房。

以一般超市可以购买到的1.5~2 cm厚的美国特选级（Choice）肋眼牛排为例，经过两表面各一次热封处理之后，如果送进烤箱继续烤熟，在设定190 ℃无旋风情况下，5~7 min可以到达三成熟熟度，10~12 min可到五成熟，15~20 min可到七成熟。牛排愈薄烤的时间愈短，牛排愈厚则烤的时间加长。

单纯用平底锅时，整体烹调时间缩短。以1~1.5 cm厚的肋眼牛排为例，每一面大火煎1~2 min即可到达约三成熟熟度；各面煎2~3 min，大约五成熟；各面3~5 min，牛排开始扭曲，肉汁渗出，大约是七成熟。

TIPS

这里需要考虑几项变量：如果用的锅不够厚实，肉一下锅，锅的温度会暂时下降；肉的厚度不一样，烹调时间也不同，而且要注意，愈厚的肉，温度要愈低，避免温度太高，造成温差太大，把牛排表面都烧焦了，里面都还是生冷的，热传不进肉里面，达不到预期的效果。不过请注意，以上标准仅适用于美国牛肉，澳大利亚牛肉或台湾牛肉的烹调时间会不一样。

按压+观察肉色法

处理生肉，解冻、调味的时候，可以先记好生肉摸起来的感觉。

以下利用手指按压手掌外侧的拇指根部来做比较，做几次就可以掌握诀窍。肉表焦褐处理之后会影响硬度，按压时感觉要扣掉外层的硬度。

生肉

肉按起来是生肉的样子，比照手掌张开时按压的感觉，切开肉中心呈生肉色，大概就是生的标准。

三成熟

肉按起来有些生肉的样子，约是拇指与食指轻轻接触时按压的感觉，切开肉中心呈红色，大约是三成熟。

五成熟

多烹调2~5 min，肉按起来比三成熟稍硬一点，比照拇指与中指轻轻接触时按压的感觉，切开肉中心大部分呈粉红色，大概就是五成熟。

七成熟

整块肉开始要变硬之前，肉汁开始排出来，就是拇指与无名指稍用力接触时的感觉，切开肉中心少部分呈粉红色，周围大部分呈浅褐色时，大约七成熟。

全熟

整块肉变硬甚至扭曲，肉汁很明显排出来，约是拇指与小指稍用力接触时按压的感觉，切开肉中心呈浅褐色，差不多就是全熟。

手掌轻松张开——生肉感

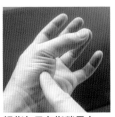
拇指与无名指稍用力接触——约七成熟

拇指与食指轻轻接触——约三成熟

拇指与小指稍用力接触——全熟感

拇指与中指轻轻接触——约五成熟

上述按压感觉的方式，对于很少烹煮牛排，甚至是第一次做牛排的人而言，用这种方法并不恰当，因为这种方法对有经验的人会比较适用。另外一点是，即使对有经验的人来说，按压方式必须假设牛排所用的都是同一种类的肉，如果所使用的肉种类不同，那按压嫩度就会有所差异。例如菲力、肋眼、无骨牛小排跟纽约克，以同样厚度，烤到同样的温度，按压起来的感觉都不一样，菲力本身就很嫩，牛小排富含油脂所以也很嫩，纽约克有嚼劲所以比较结实，差异颇大；如果再加上牛只品种因素，则差异更大。

以同部位的牛肉烤到同样熟度来比较，和牛就非常嫩，一般澳大利亚牛肉则比较硬，这时候就要看自己的感觉来决定最适合自己的嫩度了。不过再次提醒，以上示范仅适用于美国特选级（Choice），肋眼与纽约客牛肉的嫩度，极佳级（Prime）或是菲力会再嫩一点，沙朗会硬一点，澳大利亚或是台湾牛肉就不适用了。

料理过程中肌红素呈现的颜色会受到很多内在与外在因素的影响而改变，外在因素以酸碱度与温度影响比较大，其中一般家庭料理又以温度影响最大，所以牛肉烹调加热过程中，肌红素在不同阶段分批质变会跟着改变肉色，在不同温度下就会呈现出不同肉色，肉色变化也是温度改变的结果之一。用肉色来判断熟度是好用方便的方式，只是要看肉色就要把肉切开，直接切开肉来看虽然直截了当，不过还是有些限制——像肉排就无法保持完整一块上桌；而且肉汁流失肉就会比较柴，肉切开之后，如果熟度不足再加热的话，切面就会失去漂亮的颜色，还有如果熟度一旦过头了，那就只有重做。

观察肉色仍然需要一定程度的经验，而且还会有其他影响因素。例如，用炭烤及天然气炉烤的牛肉，因为一氧化碳的关系，看起来就会比电烤箱烤或平底锅煎的牛肉颜色要来得粉红一点。

一般澳大利亚牛、台湾牛、老牛的肉色较深，美国牛肉较红，和牛颜色较接近桃红，小牛肉则比较接近白肉，干式熟成牛肉颜色偏暗。所以要做出自己想要的熟度，需要各种方法交互搭配参考，失败率比较低。

完成后静置5~10 min
Rest Meat

请注意，这是烹调过程中非常重要的一个步骤！

有两个重要原因：
（1）肉汁吸回肉里。
（2）温度分布更为均匀。

肉类烹调过程中，热从外部向中心传导，蛋白质在这个受热、传热的过程中，会将肉汁推向肉的中心。在我们所认知的烹煮结束、食物离开热源之后，肉品虽然已经离开锅具或炉子，但是这个传导的动作并不会马上结束。如果用温度计来测量肉品中心温度，就会发现肉品虽然离开炉子，中心的温度还会持续地上升。如果这时候切开肉，会流出很多的肉汁，肉本身就会变得比较柴。而依肉的种类与体积大小不同，出炉的肉通常还会再升高5~15 ℃，一直到肉中心温度停止上升的时候，整块肉才是处于稳定的状态。

牛肉在受到热的时候会慢慢凝结、紧缩、硬化，这时候各分子之间以及蛋白质盘绕结构之间的肉汁会被推挤出来，并且往肉的中心移动。在50 ℃以下，肌肉呈现宽度上的缩小，这时候只会损失少许的肉汁；加热到50 ℃以上，肌肉长度开始紧缩，就像拧干毛巾一样，这时候才是蛋白质真正排挤肉汁的开始，也是肉汁开始大量损失的时候；到78 ℃的时候，瘦肉部位的肉汁大概全部都被挤出。

烹调过后的肉，如果能够适当地静置，肉汁的推挤作用会缓和下来，并有部分逆转过来；蛋白质因为有足够的时间静置，分子之间开始放松、不再紧绷，肉汁会重新分配回到蛋白质里面去，这时候整块肉从外到内的温度也会比较均匀。所以，如果静置后再切开肉享用，肉汁不会流得整盘都是。根据研究，肉汁流失至少可以减少一半，而且吃起来比较软嫩多汁。

余温，因为热的传导不会因为肉出炉了而停止，所以依照肉的体积大小还有烹调使用的温度，肉要提前出炉；否则出炉之后的肉，温度还会继续上升，一般再多个一两成熟。所以烹煮的肉品要提前一两成熟出炉，不然出炉之后的肉，到了要吃的时候就会超过预期的熟度。

出炉之后的肉要静置，第一个疑问就是"会不会凉掉"。参照一下牛排熟度，一般五至七成熟在50~60 ℃，其实放嘴里的感觉是温的，不是烫的；如果喜欢三成熟甚至生肉，吃起来才可能是"微温"或是"冷"的。

盖一层铝箔能有保温的效果

肉出炉之后，只要轻轻盖上一层铝箔，就可以有保温的效果，不过不要把肉盖得太紧，要不然反而会有水蒸气产生滴回到肉上，肉表面就会潮湿了。肉品出炉后静置的时间，由肉的体积大小及烹调温度决定。一般1~2 cm厚的肉，以190~200 ℃烤箱烤出来的肉，大约静置5 min；厚一点2~3 cm的肉，大约静置10 min；再大一点的肉，像牛仔牛排，静置15~30 min。如果像整块肋眼牛排或是整只鸡，甚至是火鸡，静置时间为30~60 min不等。

肉品静置的动作，不仅适用于牛肉，所有的肉类，甚至平常烹调都可以运用这个技巧。下次动手做牛排的时候不妨大胆地试试看，看看切开来的肉，流失的肉汁是不是减少，肉也比较软嫩多汁一点，相信马上就可以得到验证。

牛肉加热温度变化示意图

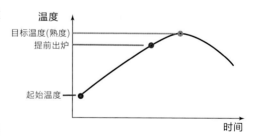

更重要的是，有的人比较喜欢牛排切开来血淋淋的样子，蘸着血水吃起来比较有感觉。如果您正好是喜欢牛排要有血水的人，这道步骤可以不予理会，省时省力。

先用大火锁住肉汁
Searing Meat, Sealing Juices

先热封（sear）把表面烤或煎到焦褐，将肉汁封在肉里面（searing meat, seals juices）。这是我们经常听到、很经典的做法，非常多的厨师将之奉为圭臬，各种报道、采访也不忘多加上这一句，表示专业！

所以，牛肉料理，就是先用高温锅，或高温火炉，在肉表面制造出一层焦褐状态的肉，这样一来后续处理的时候，美味的肉汁就可以留在肉中，吃起来更有肉汁风味。

这种说法，最早的文献记载出现在1850年左右，是德国化学家李比希（Liebig）的叙述，没错，他是化学家。真正钻研食物烹调科学的，反而是一些化学家；虽然最后证明这不是他最早提出的理论，但是100多年来，这已经成为很多厨师及一般人的认知。

肉放入沸水中，蛋白质从外向内凝结，形成的硬皮外壳让外部水分无法进到内部，肉会保有原来汁液，美味就像烤肉一般，最好的味道已经保存在肉里面了。——德国化学家李比希

这是李比希在《食物化学研究》（Researches on the Chemistry of Food）中的叙述，他认为如果能迅速加热肉品，肉表会形成硬壳，肉汁就可以被封在肉里面。

这种说法到底对不对？当时不知道有没有人认真研究过，不过理论很快就借着厨师和食谱广为流传，包括那时候法国知名大厨艾斯科菲耶（Escoffier）。

无色就无味。

把肉表处理到焦褐、酥脆，好看又有味道，肉汁也得以封在肉里面。不过，我们一起来把这个说法深入讨论一下，高温焦褐，封住肉汁。

高温焦褐

肉要焦褐得漂亮，肉的表面要干。这是大家都知道的诀窍，因为肉要产生焦褐表面，其实就是蛋白质质变，一般要有150℃以上的温度（不同特性肉类所需温度有差异，也可能产生在低一点的温度）才能做得到。乍听之下150℃并不是多高

的温度，大部分锅具都能轻易达到这个温度，但是问题在水分。肉的表面如果不够干，则高温的锅面或炉面，在肉起始烹调的时候，都只是在煮水，高温把水化为水蒸气，然后再"蒸"这块肉。所以原本需要150℃的肉，只有水蒸气提供的100℃，出来的结果就是平淡苍白的颜色以及平淡的口味。

所以高温来制造焦褐的肉表是正确的，而且要使用高过150℃所需的温度，像铸铁锅可以烧到登月火箭的高温；不锈钢锅也可以高温料理；不粘锅各家技术不同，一般以保持在200℃以下使用比较安全，不过也够用了；炭烤炉或天然气烤炉可以达到600~800℃，甚至号称1000℃以上。不过可以知道，只要肉表够干，水分减到最少，就可以轻易做出焦褐肉面，更高温度只是让肉表水分更快蒸发，更快做出焦褐肉面。

其次就是不同程度的焦褐，会有不一样的风味。但是要小心过度焦褐，让肉炭化变焦黑，呈现出黑色，得到的反而是苦味，就不再是美味了。

封住肉汁

其实几个简单的实验就可以证明高温制造肉表这层硬皮，到底有没有封锁肉汁的功能。从20世纪30年代开始，各种实验已经证实，由高温在肉表产生的硬皮层，并没有防水功能，也就是说这层热封焦褐的硬皮，并不能把肉汁锁在肉里面。

最简单的方式，就是把两块300ｇ性质一样的肉，一块先做高温肉表热封处理，另一块不做热封处理，两块肉进烤箱烤至一样熟度（温度决定），再比较前后重量差异，其间损失的，当然就是肉汁（水分）了。实验结果发现同样加热至五成熟的熟度，没有经过焦褐处理的牛肉，重量减少13％左右；经过热封焦褐处理的，重量减少19％左右。也就是说，热封处理过的肉，并不会产生防水功能从而把肉汁锁在肉里面，这样只会让整块肉损失更多的肉汁。

不少老饕宣称这种热封焦褐肉表的做法，肉吃在嘴里都可以感觉得到肉汁流动，味道丰富。其实所谓肉汁四溢，是来自肉表的温度与丰富滋味，促进口中分泌更多唾液，唾液再与焦褐肉表结合出多样的风味，所以在食客口中会产生多汁、可口、味道丰富的美味感觉。

热封焦褐不能封住肉汁，为什么还要这样处理？

虽然焦褐表面不能防水，肉汁还是会渗出，但大多数做法仍然会有这道程序。主要有以下4个理由让热封焦褐不离美味。

味道

就如煮焦糖一样，糖在加温过程中会不断分解，然后其中有部分会重新结合，重新结合会产生新的味道与香气，从清澄的糖水一直加热到炭化的糖期间，就可以出现128种不同种类的糖，有些糖的味道非常特殊甜美，无可取代，这是糖遇到热的现象。

蛋白质加热也会有类似的情况，加上肉里面也会有某些程度的糖分，所以肉品接触高温就会产生焦褐变化，不同等级、不同方式的褐变会产生不同风味，例如煎跟炸的味道就不一样，炉烤跟炭烤的味道又不一样。经过适当的焦褐处理，像适度炭烤，产生的香味可以达数百种，这也是高温焦褐处理吸引人的主要原因。

味道变化从原色、焦黄、焦褐至焦黑都不一样，焦褐状态一旦过度成焦黑，就会变成苦味。所以，喜爱重口味的，可以把肉表颜色处理深色一点；喜爱清淡口味的，可以选择淡一点的颜色。颜色深浅，可以决定牛排味道轻重以及烹调方式，火候控制的要领也就在此。

口感

高温焦褐的肉，表面已经完全质变脱水，形成一层焦干的肉层，虽然不能防水，但是却可以提供不一样的口感，刚好跟内部的肉相反，外表酥硬，内部软嫩，二者入口相互比对，提供不一样的感觉，吃起来感觉更丰富。

外观

经过表面焦褐处理，颜色及状态改变，厨师可以利用这种变化做出自己想要的视觉效果，增加产品价值。像炭烤炉上的烙印效果，煎过的硬皮效果，在切开牛排的时候，内外呈现出两种不一样的肉，再搭配上自己的摆饰创意，效果特别。

传热

先用高温烧肉表，对肉表直接杀菌并把热度送进肉里面去，但是继续使用高温烤肉，肉中心熟度达到的时候，肉表会烧过头。所以先高温开始，后续保持相对低温，持续传送稳定温和的热度，才不会把肉表烤过熟。厚度愈厚的牛排，可以使用愈低的持续烤肉温度，整体熟度比较均匀。

大火热封做法是正确的，也鼓励大家这样处理，只是这样歪打正着的说法不知还要流传多少年！

好啦，做好牛排的要领跟方法讲完了。可以跟大家说实话了，了解前面几章叙述的基本知识没有办法让你做菜马上变好吃，你照样会犯错，但是至少知道问题出在哪里，如何解决，避免再犯，并从中学习进步。

现在开始，找出自己喜爱的料理方式，千万不要以别人的喜好为自己的喜好。还有，未来看到一份食谱，不要直接照做，反而应该问问："为什么要放这个？""这个材料分量可不可以增减？""可以怎么变化？"

食谱，只是一种启发或是引导，

如果一成不变不知变通，机器人可以做得更好！

7

12道全世界
都在享用的
经典牛排食谱
Recipe

从简单易做型到世界经典款，这一章的目的不在展现餐厅的
牛排美食，而是考量一般家庭烹饪的便利性，希望让大家在
家就可以料理牛排，轻易变化出各种花哨的烹调方式，体验
烹饪牛排的乐趣。

原味牛排
Basic Steak

材料

牛肉	250 g/ 人
盐	适量

※ 盐用于牛肉调味，也可增加其他个人喜好的调味料。调味时机可参考 p.133~134，下同。

油（做法 1 中使用）	适量

2种基础烹调做法

做法1–1 —— 平底锅

1. 将平底锅加热至中高温度，加入适量油。

2. 油热之后将牛肉放入锅中。

3. 2~4 min 后翻面，每一面2~4 min 即完成。

> ## TIPS
> **1.** 牛肉表面不能有太多水分，必要时用纸巾吸干多余水分，这样肉表焦褐的颜色会比较漂亮。
>
> **2.** 牛肉愈厚，使用温度应该愈低，烹调时间愈长。
>
> **3.** 一次煎多块牛排，牛排之间要有间隔，不能互相靠在一起。

做法1–2 —— 平底锅+ 烤箱

1. 将平底锅加热至高温，加入适量油，油热之后将牛肉下锅。

2. 每一面煎30~60 s，或至牛肉外皮呈酥脆褐色焦皮状。

3. 翻回第一面，进烤箱，每一面烤2~10 min，完成。

做法2–1 —— 炭烤

1. 先生火，炭火稳定之后，将肉置于烤架上。

2. 2~8 min 后翻面，再烤2~8 min 即完成。

做法2–2—— 炭烤+烤箱

这种方式因为熟度主要是用烤箱来完成，所以炭烤的目的只是制造外表的风味、视觉效果与酥硬口感。这时候炭烤的温度要高，炭烤的时间较短，才能制造出上述的效果。

1. 先炭烤，用大火烙印肉表。

2. 再进烤箱烤熟，8~25 min，中间要翻面一次。

做法1-2

1.高温热封肉表

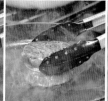
2.翻面继续

3.牛肉若较厚，侧面也可以做焦褐处理

4.进烤箱继续烤到完成

做法2-2

1.在炭烤炉上烤牛肉，只翻一次面

2.先炭烤，用大火烙印肉表

3.烙印后的牛肉进烤箱继续完成熟度

4.翻面一次，熟度比较均匀

5.判断熟度

7-1

罗西尼牛排
Rossini
Style

罗西尼不是厨师，是18~19世纪意大利的一位作曲家，有人称他是意大利的莫扎特，写下了不少流传百世的歌剧作品。关于这个做法的由来与原创者的说法很多，不过可以确定这是一道法国料理，创作厨师是法国人，但是最后还是代言的超级巨星抢过原创者的风采。

这是牛排制作最豪华的方式之一，跟威灵顿牛排有一拼，只是做法比较简单。

以下介绍的食材，第一部分材料是必需，是罗西尼精神所在，不宜变动，否则无法称为罗西尼牛排；第二部分材料则可依个人喜好调整改变，不影响大局。

材料1

菲力	约180 g/份
新鲜鹅肝	1片（约30 g）/份

※ 没有鹅肝也可以用鸭肝代替，鹅肝细嫩而鸭肝有弹性且顺滑，口感口味略有差异，依自己喜好选择，精神不变；而罐装产品口味差异很大，不建议用罐装鹅肝酱。

松露	2片/份

材料2

垫底	1份

※ 烤面包、朝鲜蓟、炒菠菜、炒洋葱蘑菇，选择其一，或选择自己喜爱的配菜。

马德拉酱	适量
油	适量
盐	适量
胡椒	适量

做法

1. 先制作牛排，牛排做法请参考p.218"原味牛排"。

2. 牛排完成后，趁静置的时间，先完成垫底，垫底的蔬菜以炒洋葱蘑菇为例：平底锅用中高温加热之后加油，油热之后直接加入洋葱、蘑菇，调味（盐、胡椒）炒到金黄色即可。

3. 起锅后铺在盘子中，再放上牛排。

4. 不粘锅热锅后煎鹅肝：鹅肝先加少许盐调味，用不粘锅不需要放油，加热1~2 min，达到160~180 ℃，直接放入鹅肝，小心鹅肝不能煎过熟，否则细嫩的鹅肝会干扁，以中高温煎鹅肝约10 s，表面焦褐即可翻面，翻面后再煎约10 s，表面焦褐就起锅。

5. 将鹅肝直接放在牛排上面即可。

6. 然后将松露切片直接摆在鹅肝上装饰即可。

7. 如果有酱汁，把酱汁摆一旁，盘中装饰或装小碗都可以。

TIPS

1. 煎完鹅肝后锅里面会留下很多油，这是世界上最好的油之一。只要没有过热就不要倒掉，可以拿来直接淋在菜肴上，或炒菜时使用。

2. 西餐中垫底蔬菜一般会使用朝鲜蓟，台湾不容易见到朝鲜蓟，它的口感比较接近嫩竹笋。如果用罐头朝鲜蓟，先浸水或氽烫减轻盐分后沥干，再用油爆香蒜末，淋过一下即可。若想改用菠菜，建议用黄油炒菠菜来垫底，味道也不错。

新鲜鹅肝，口感比鸭肝细嫩

煎鹅肝不需要用油，本身就会出油

牛仔牛排
Cowboy
Steak

先想象一下，美国大西部晚间的原野上，牛仔们一天工作结束后，生起营火，切下大块带骨牛肉，撒上原野上仅有的调味料盐及胡椒，抓着骨头把肉往火边一靠，直接烤起肉来。带着骨头的这块肉当然很大，用火烧一烧，外面焦了，里面还是活生生肉汁乱窜的。烤好之后抓着骨头就吃，一手牛肉，一手啤酒，天宽地阔，无拘无束。

牛仔牛排，是选用带一根骨头的肋眼，简单调味之后，炭火烧一烧就可以吃了，油脂跟骨头经大火烤而自然散发出的香气，比任何调味料都更适合搭配牛排。所谓的战斧牛排，就是骨头更长一点的牛仔牛排，整块牛排看起来像带手柄的斧头，很有视觉效果。

材料 —— 2人份，或2大2小全家享用

带骨肋眼	1块（900~1000 g）
盐	适量
胡椒	适量

※ 盐、胡椒为牛肉调味用，可依个人喜好添加。

做法1——炭烤

用中至低温炭火，视熟度每一面烤 8~15 min 即可完成。

※ 厚度不同，表里熟度差异很大，且愈高温差异愈大。

1.带骨肋眼，会有一定厚度

2.直接在炭烤炉上烤

3.牛仔牛排切面

做法2——烤箱+炭烤

1. 用120~150 ℃烤箱将牛排烤至需要熟度，每一面约 30 min，共约60 min，用温度计来测量温度最准确。

2. 熟度完成后，取出静置30 min。

3. 上桌前用炭烤炉大火热封肉表，完成后即可享用。

TIPS

做法比较接近大块烤牛排先低温、再高温的技巧。

贵妃牛排
Poached Beef

贵妃牛排（波煮牛排）就是用牛高汤煮的牛排，我第一个反应是这成品感觉像是杨贵妃，放在盘中淋上高汤就像慵懒的贵妃正出浴，而且肉吃起来软嫩香甜，所以才被冠以这么一个有古意的名字吧。

材料

牛肉（菲力中段）	600 g
※ 约 150 g/ 份，可酌量增减。	
油	1 大匙
盐	适量
胡椒	适量
牛高汤	约 1000 mL
洋葱、蘑菇	共 80~100 g/ 份
白玉菇（其他喜好的菇类亦可）	适量
白葡萄酒	1 杯
百里香	适量

※ 可依个人喜好添加或替换，月桂叶、牛至叶皆可。

做法

1. 牛高汤依自己喜好适当调味，味道可以比直接喝的口味稍微再重一点，牛肉煮出来才不会太清淡。牛高汤加热至表面开始波动，约75℃，高汤温度高一点煮起来比较快，温度低一点煮起来肉比较嫩。

2. 牛肉调味（盐、胡椒、百里香）：第一种做法，用炭烤或煎的方式，将牛肉表面做出焦褐效果再下锅；第二种做法，调味入味之后直接下锅。前者表面会比较干涩，而且焦褐脆皮煮完效果就不明显了，后者煮出来嫩度比较均匀，建议以第二种做法直接下锅，嫩度均匀，熟度也比较容易用按压法判断，味道用高汤控制就可以了。

3. 牛肉浸入牛高汤中，可以加入一些白玉菇一起煮，等一下跟牛肉一起上桌，仔细控制高汤温度，有温度计更好，可以监控温度不要过高。

4. 利用空当把洋葱、蘑菇放入加了油的热锅中，调味（盐、胡椒）炒到金黄色，垫底用。

5. 波煮10~30 min（从高汤开始波动计时），最好用温度计量肉的温度，煮到需要的熟度就可以了（别忘了提前约5℃出锅）。

6. 没有温度计也没关系，按压牛肉，自己喜爱的嫩度到了就可以了。

7. 高汤用大火收干，味道会变浓，可以加入白葡萄酒甚至香槟1/2~1 杯，再收干一半或是口味咸度刚好时停止。这里收干高汤的时候，白玉菇就留在高汤中继续烹煮。

8. 炒好的洋葱、蘑菇等蔬菜盘中垫底，牛排适当切片，叠在蔬菜上面(垫底蔬菜可自行替换)。

9. 淋上高汤，视需要加上装饰。

1.牛肉直接进高汤,高汤不能煮滚　　2.浮渣要捞掉　　3.跟白玉菇一起煮,温度要控制好　　4.切出适当厚度

黄油牛排
Steak with Flavored Butter

7-5

利用黄油作为加热的缓冲层，牛肉熟起来更缓和均匀，也更有黄油的风味。

材料

牛肉	约250 g/ 人

※ 部位不拘，选择自己喜欢的牛肉即可。

黄油	15 g（可依自己喜好调整）
胡椒	适量
盐	适量

※ 盐、胡椒为牛肉调味用。

做法

1. 热锅热油（根据牛肉及锅具情况适当放油），用大火热封做出表面焦褐的效果。

2. 进烤箱之前，淋上澄清黄油（做法见p.198）。

3. 或是直接切几块调味黄油，出炉前1~3 min放在牛肉上面，再进烤箱烤，达到自己喜好的熟度即可完成上桌。

1. 烤箱出炉前 1~3 min 将调味黄油放在牛肉上，放回烤箱继续完成

2. 不一定要等到黄油完全熔化才算完成

TIPS

调味黄油（见p.228~229）——调味黄油做法很多种，颜色、味道都不一样，如果可以摆上不同的调味黄油就会有不同的视觉与味觉效果。

罗勒黄油

红酒黄油　　　罗勒黄油

调味黄油
（Flavored Butter）

这种黄油做法简单、味道够、好保存、使用方便，视觉效果也不差，跟牛排单独搭配简单大方，多放个香草就是摆饰，要搭配其他配菜装饰也可以表现华丽，既可以当主要搭配，也可以当成陪衬。还有，其他很多适合搭配黄油的食材，像海鲜、白肉，也都可以搭配这种黄油。

调味黄油变化方式很多，下面介绍两种基本款，其色泽、口味都可以调整。

黄油质量的好坏直接决定调味黄油味道的好坏，所以不要用便宜的黄油，更不要用玛琪琳（Margarine，人造黄油）。台湾一般市面上可以找到的黄油里面，我觉得法国总统牌黄油风味比较好，手边有自己喜好的当然都可以用。选择无盐黄油，因为各厂商加在黄油里面的盐，分量不好掌握，每一道菜所需盐分也不同，所以如果要烹调，建议选择无盐黄油。

罗勒黄油
（Basil Butter）

罗勒不等于九层塔

罗勒（左）遇上九层塔

罗勒

九层塔

材料

无盐黄油	500 g
盐	适量
胡椒	适量
新鲜罗勒	60 g
柠檬汁	1~2 大匙

做法

1. 黄油室温下静置，让黄油自然软化。

2. 将罗勒切碎。

3. 将罗勒与盐、胡椒、柠檬汁一股脑儿加入黄油中搅拌均匀，再把口味调至自己喜爱的味道。

4. 将调味黄油倒在保鲜膜或烤盆纸上，卷成圆柱状，两端包紧，进冰箱冷藏，完成。没错，就是这么简单。

5. 需要的时候拿出来切成适当厚度，就可以使用。

红酒黄油

（Shallot Butter with Red Wine）

材料

无盐黄油	500 g
红葱头（切碎）	50 g
高汤	1/2 杯
红酒	1/2 杯

做法

1. 红葱头下锅(也可以加少许油轻微炒过)，加入高汤收干后，再加入红酒收干，收到几乎没有水分。若不想有酒精味残留，也可以先加红酒收干，再加高汤收干。

2. 将红葱头加入软化的黄油中，搅拌均匀，接下来同"罗勒黄油"的做法进行包装。

1.红葱头爆香

2.加入高汤收干后，再加入红酒收干

3.加入软化的黄油中，搅拌均匀

4.倒在保鲜膜或烤盆纸上，先铺成长条状

5.卷成圆柱状即可

黑胡椒烈酒白酱牛排 Steak Au Poivre

这种方式属法式烹调，喜欢黑胡椒的人可以练习一下这种做法。一般牛排多搭配深色酱汁，其实搭配白酱不只特别，口味也很适合。至于牛肉部位选择，就没有特别要求，选自己喜欢的就好。

TIPS

白酱可以依自己喜好换成红酒或番茄酱，只要在步骤4将加入的鲜奶油换成红酒或是番茄酱，就可以做出不同口味。调味时如果不加黑胡椒，风味不同，但是同样好吃。

材料

牛肉	约 250 g/ 份
油	1 大匙 / 份
黄油	20 g/ 份
盐	适量
黑胡椒粒	适量

※ 依个人喜好使用，不粘也可以。

牛高汤	50~100 mL/ 份
鲜奶油	50~70 mL/ 份
大蒜（切碎）	2 瓣 / 份
红葱头（切片）	50 g/ 份
蘑菇（切片）	50 g/ 份
法式芥末酱	10~15 g/ 份
伍斯特辣酱油（Worcestershire sauce）	20 mL

※ 味道像酱油 + 醋 + 辣味，也可依自己喜好调制。

| 烈酒 | 50 mL/ 份 |

※ 可用白兰地（Brandy）、威士忌（Whiskey）、干邑或是自己更喜欢的酒。

| 欧芹（切碎） | 适量 |

※ 可依各人喜好调整，也可用百里香，或是味道较重的新鲜迷迭香、鼠尾草。

做法

1. 牛肉适当撒盐调味，将黑胡椒粒敲碎，不能敲得太细，研磨器磨出来的都太细，不适合这种做法，也不要用现成黑胡椒粉，有的做法是用整颗黑胡椒不敲碎。一般大约粘半满就够了。喜欢黑胡椒的，把牛排两面粘上满满的黑胡椒再下锅煎，风味更浓郁，也可以自行搭配红胡椒粒、白胡椒粒。

2. 初步热封表面：热锅热油，牛肉下锅至表面焦褐，牛肉只翻一次面，两面焦褐完成后起锅静置，不要一次煎到所要的熟度。

3. 用煎牛肉剩下的油与基底，加入黄油、红葱头、蘑菇、大蒜、伍斯特辣酱油及芥末酱爆炒，直到呈现金黄色且香味出来，需2~3 min。如果手边有灭火器，可以把烈酒一股脑儿倒入，火烧收干一半，手边没有灭火器的，不要要炫，轻轻倒入慢慢收干即可，再加入牛高汤大火收干约一半。

4. 加入鲜奶油与欧芹，搅拌均匀后，把牛肉放回酱汁中，继续烹调到需要的熟度并慢慢收干酱汁，同时让牛肉吸收酱汁香味，牛肉香气也会进入酱汁中。

5. 将烹调好的牛肉摆盘，酱汁调至需要的口味，倒入盘中搭配。

7-6

1. 将黑胡椒粒敲碎成大块，不要用磨的

2. 依个人口味粘上胡椒碎粒，一般粘半满即可

3. 烙黑胡椒粒，白胡椒、红胡椒也可以使用，自行调配

4. 下锅煎至肉表焦褐，不要煎到熟

5. 肉起锅后，利用基底加入蔬菜爆香。将烈酒用汤匙倒进去比较安全

6. 小心烈酒加高温产生的大火

7. 加入牛高汤收干约一半

8. 汤汁收至半干，加入鲜奶油与欧芹

9. 将先前表面焦褐的牛肉，放回锅中继续烹煮

10. 完成上桌

大块烤牛排
Roast Beef

很多人都有这种大块烤牛排的食谱，但是大部分都是用计时方式计算熟度，而且用一般烤肉的温度。这里的做法比较简单，不容易失败。如果想在家烤大块牛肉，请尽早做准备，也就是时间要足够，并且要准备一只烤箱温度计。如果时间紧迫，不容易做好大块烤牛排，换道菜吧。

材料

牛肉	约 250 g/ 人

※ 可自行计算重量，最适合部位为肋眼、纽约克，整条菲力也不错。

盐	适量
胡椒	适量

做法

1. 在牛肉表面均匀抹上调味料（盐、胡椒），因为肉很厚，所以即使不是拼命地撒调味料，也要抹上足够的调味料才可能入味。如果时间许可，可以前一天就调味，时间不许可，至少也要让肉入味3~4 h。

2. 将牛肉用食品级棉线，尽量固定成圆柱形，受热比较均匀。

3. 烤箱温度为100~120 ℃，烤肉时间看牛肉大小，需要3~4 h，记得中间要翻面一次。

4. 翻面烤第二面的时候再使用温度计，刺入温度计之前先量一下以确定中心位置，才不会偏离太多。

5. 完成后轻轻盖上铝箔纸，静置30~60 min。

6. 出餐前将绑肉棉线剪断，烤箱调至230~250 ℃，烤5~8 min，直到外皮酥脆。

7. 完成后可直接切开享用。

TIPS

1. 烤肉前室温回温1~2 h，熟度更均匀。

2. 有兴趣的也可以试试烟熏（参考p.185），找有香味的木头稍微浸水之后，在步骤3放进烤箱跟牛肉一起烤，不过千万不要找味道奇怪的木头，不然会毁了昂贵的牛肉。

 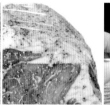   

1. 调味时间要足够肉才能入味

2. 用食品级棉线，尽量将肉绑成圆柱形，受热比较均匀

3. 翻面后再用温度计，刺入温度计前，先量一下以确定中心位置

4. 用烤箱继续烤

5. 出炉后不急着拔出温度计

   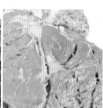

6. 轻轻盖上铝箔纸，不要包太紧

7. 静置后剪开棉线，准备大火烧烤肉表

8. 按个人肚量分切

9. 搭配自己喜爱的配菜

威灵顿牛排
Beef Wellington

跟罗西尼一样，威灵顿也不是厨师，这道菜其实就是酥皮裹牛排，一道经典法国菜，却被冠上英国名人威灵顿的名字。

说起威灵顿，大家不一定知道是谁，但是提到拿破仑，相信大家都想抢麦克风说他的故事，然后就会说到败于滑铁卢之役，那么滑铁卢一战是何方神圣把拿破仑给打败的呢？没错，就是英国威灵顿公爵。名人代言不是现代才有，有了名人代言，美食更富有传奇性；有了可以传颂百年的代言人，自然有了能传颂百年的美食。

以下做法只是原则做法，大家可以就自己的烹饪习惯与技巧，还有食材可得程度做适当调整。只是既然是酥皮裹牛排，那就少不了要用烤箱，家里没有烤箱的，就不用尝试制作这道菜了。

材料

牛肉（菲力中段）	600 g

※ 约 200 g/ 人。

蘑菇（切碎）	600 g

※ 可替换成其他自己喜爱的菇类，如可能，可以加入适量切碎的松露，本钱够的也可以直接用松露代替。

芥末酱	适量

※ 可用法式狄戎芥末酱（味道比较淡一点）代替，如可能，这部分可以换成鹅肝酱，一般罐装鹅肝酱比较咸，须酌量使用。

洋葱（切碎）	50~100 g
大蒜（切碎）	50~100 g
意式火腿	2~4 片（以能够包裹住牛排为准）

※ 不要用太肥的培根代替，避免出油太多浸湿酥皮。

酥皮	4 片

※ 每片尺寸为 13 cm×13 cm，如果有黄油制酥皮，味道会比一般市售酥皮更好。

蛋黄	1 个

※ 搅拌做成蛋黄液。

油	适量
盐	适量
胡椒	适量
个人喜好的香料	适量

做法

1. 牛肉调味（盐、胡椒、个人喜好的香料），表面用煎或烧烤做出焦褐效果，再进190 ℃烤箱烤约15 min，到略低于三成熟度，取出放一边晾5~10 min。

2. 将洋葱、大蒜、蘑菇加调味料（盐、胡椒）大火快炒到干，小心不要炒焦黑了，要不然香味会变成苦味，松露可生吃而且不耐高温，可以在最后阶段再加入，甚至完成后再拌入都可以。

3. 在牛肉表面抹上一层芥末酱或鹅肝酱，意式火腿上面铺一层刚刚爆香的蔬菜，再将牛肉包在意式火腿里，制作到此，保持愈干燥愈好，避免后续烹调出水会将蓬松的酥皮弄湿。另一种做法是在这外层紧紧裹上一层薄可丽饼皮(法式可丽饼是软的，硬度及厚度比较像春卷皮)，防止出水泡烂酥皮。外层可以再用一层保鲜膜包裹扭紧一点，让这些材料更紧密结合，进冷藏室冰20 min。

4. 将4 片酥皮接合成一大片，取出牛肉，最外层包上酥皮，接口处刷上部分蛋黄液增加黏性，最外层刷上一层蛋黄液，也可以用刀子在酥皮表面刮出一些花纹。

5. 进190 ℃烤箱，记得将酥皮结合线压在下面，以免酥皮膨胀时爆开，烤10~20 min，至酥皮表面金黄。

6. 取出稍做静置，切片即可上桌，不要切太薄，要不然比较容易冷却。

7. 视需要搭配喜爱的酱汁，摆盘配菜依自己喜好为之。

8. 如果要简单一点的做法，可以把酥皮直接盖在牛排上面，不过呈现出来的视觉效果就没有那么特别。

1. 肉表焦褐

2. 牛肉抹上芥末酱

3. 使用保鲜膜比较容易把肉包起来

4. 意式火腿上面铺一层爆香蔬菜

5. 准备包肉

6. 小心地将肉包在铺好爆香蔬菜的意式火腿里

7. 不要太急，慢一点反而容易成功

8. 包起来之后裹紧，冷藏20 min

9. 将酥皮接合成一大片

10. 牛肉取出之后放在酥皮中间

11. 慢慢将牛肉包在中间

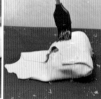

12. 刷上蛋黄液当作黏着剂

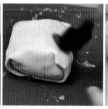

13. 酥皮表面再刷上蛋黄液，烤出来颜色比较漂亮

14. 完成，出炉静置一下

15. 按个人胃量分切

辣味牛排
Chili Paste Steak

这种方式属于腌渍的一种，口味比较重，用炭烤炉做起来会比较适合，牛肉部位以肋眼、纽约克或是丁骨比较恰当。

材料

牛肉	约 250 g/ 份
盐	适量
胡椒	适量
大蒜 (切碎)	2 瓣 / 份
新鲜辣椒	20~50 g/ 份
啤酒	100 mL/ 份

※ 也可以用其他酒类替代。

法式芥末酱	10~15 g/ 份
烈酒	50 mL/ 份

※ 可用威士忌或白兰地。

做法

1. 将新鲜辣椒、大蒜、盐、胡椒、芥末酱(视需要)，或其他自己喜欢的香料，与啤酒一起放进果汁机打成辣椒泥，辣椒泥的辣度可以按个人喜好制作。

2. 用辣椒泥腌牛肉至少30 min。

3. 炭烤至需要熟度。

4. 备妥灭火器，完成之前在牛肉表面淋上烈酒烧灼表面，制造酥脆表皮即可。

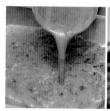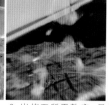

1. 牛肉先腌渍至少
30 min

2. 炭烤至所需熟度，最后
阶段淋上烈酒烧灼肉表

TIPS

腌渍牛肉的小技巧

　　这里的做法只是用辣椒举例，实际上腌渍牛肉的做法、口味可以随自己喜好变化，如用大蒜、各品种辣椒、不同种类的酒作为腌料，还有其他种类的香料，只要自己喜欢，都可以是腌渍的好素材。腌料除了用来调味之外，还有些特定材料会对肉产生某些作用。

　　盐可以跟蛋白质作用，简单白话一点，就是可以让肉质软一点，约3%的盐水（约海水咸度）可以让肉质烹煮后更柔软，再多的盐分虽然可以更软，但是腌出来的肉味道会更咸，要再加上其他甜、酸等味道互相掩盖，故不建议这样做。一般盐用量为1%～3%，主要还是看自己需求而定。

　　酸，除了调味，还可以削弱肌肉构造，提高含水能力。跟牛肉搭配的酸液要慎选，因为味道不一定能够互相衬托，可用的酸液中，红酒、番茄酱是比较适合的，也有食谱提到酸奶，不过我觉得没有前二者味道跟牛肉搭配得那么好，有兴趣的人不妨多尝试自己喜欢的口味。

　　酒精对细胞渗透力强，可以萃取出食物中的香味，并与酒本身香气结合，产生特殊风味。不同酒精浓度会产生不同效果，所以用啤酒、葡萄酒、威士忌或伏特加来腌渍肉类，烹调的风味都不一样。

　　有些酶会溶解蛋白，像木瓜、菠萝、猕猴桃等，所以有人利用这些特性来嫩化肉品，但是这些酶的作用仅停留在肉表，即使肉表粉掉了，肉中间还是原状。至于坊间贩售的嫩肉精，因为成分有我不懂的添加物，所以自己没用过。若是单纯要软化肉品，可以试试断筋、逆纹切割、拍打等方法，不建议用嫩肉精腌肉。

　　腌渍与干式调味各有特色，调味料也都可以自己调整，只要能够跟主角相辅相成，不要抢过牛肉风味，都是可以尝试的好方法。不过要提醒的是，高质量的肉有时候过度调味反而会破坏或掩盖香气，如果使用好牛肉，调味宁愿保守，以免错过食材本身的味道。

生牛肉片沙拉
Carpaccio

这道意式开胃菜是牛肉生吃，一定要选择卫生可靠的牛肉，降低生吃牛肉的风险。如果没把握找到够干净的牛肉，就不要做这道菜。

因为是冷的生肉，所以牛肉应该选择没有筋也没有油，吃起来还要够嫩的部位。可以符合这些标准的，以菲力为最佳选择；想要便宜一点的，可以选择后腰脊肉。不管是哪个部位，油跟筋都要挑得非常干净，除非想当作饭后掏牙工具，要不然任何的细筋吃到嘴里都会跟牙线一样卡在牙缝里。

至于油花，倒是不用追求高等级的雪花状，依照个人喜好甚至可以选普通等级就可以了，油脂会少 点。如果要更嫩的再考量等级高的牛肉。要注意的反而是牛肉腥味，因为没有经过烹调，要依自己爱好，可以选择腥味轻的美国谷饲牛，若喜欢味重一点可选择澳大利亚、台湾草饲牛。

材料

牛肉	500 g

※ 菲力中段或后腰脊肉，约100 g/人。

优质橄榄油	15 mL
盐	适量
胡椒	适量
芫荽	5 g
迷迭香	5 g
罗勒	5 g

※ 可用自己喜爱的其他香草代替，新鲜的更好。若用新鲜的，先切碎。

搭配食材

依自己喜好选择酸豆、橄榄或油醋酱，这里介绍的做法比较简单，另有做法会搭配芥末酱 (Mustard sauce)。

垫底与点缀	依个人喜好

做法

1. 牛肉撒盐调味，用高温锅将牛肉外围一圈（前后两面不要煎）快速煎至焦褐上色，取出静置。

2. 将胡椒、芫荽、迷迭香、罗勒搅拌均匀抹在牛肉周围，用保鲜膜包紧，放入冷藏室冷却，因为这是仅有的调味，而且在外层，可以用重一点的口味，也可以先调味再煎。

3. 牛肉切片前1~2 h放入冷冻室，将牛肉外围部分稍做冰冻比较容易切薄片。

4. 取出牛肉，将牛肉切成薄片。

5. 切稍厚也没关系，拿出预先准备好的肉锤，将牛肉用保鲜膜上下包好，用肉锤轻轻将牛肉拍成薄片，一样可以做出薄片效果，顺便可以把肉拍得再嫩 点。

6. 摆盘装饰即完成。

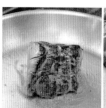

1.肉表以高温热封至焦褐,可达杀菌效果

2.稍做冰冻,比较容易切出薄片

3.用肉锤轻拍,将肉片拍薄一点

4.组合

5.搭配

鞑靼生牛肉
Steak
Tartare

7-11

这道开胃菜是法式经典料理，据推断应该是料理界之中的宿醉狂野派发明的。先警告，与生牛肉片沙拉相同的是牛肉生吃，不同的是连外表烧焦杀菌的机会都没有，如果再加上生蛋黄风险更高。千千万万要选择卫生可靠的牛肉以及新鲜鸡蛋，如果没把握，不要轻易尝试，身体状况不是很好的更不用勉强自己试吃。

牛肉之所以生吃，就是要吃牛肉的嫩，不像生鱼片入口即化，生牛肉香甜软嫩中隐约带一点嚼劲，不过没有经过烹调，所以牛肉是什么味道，这道菜吃起来就赤裸裸的是什么味道。

很好的牛肉可以吃原味，只使用必要调味料就够了！"选用调味料"部分，则适用于对纯牛肉味有点顾虑，或是第一次试吃不太敢全力尝试者，是重口味的料理方式。

准备好迎接这道原始、狂野又优雅的菜了吗？

材料

菲力	300 g

※ 约 50 g/ 人，考量细菌风险，不宜一次吃超过 100 g。

必要调味料

盐	适量
胡椒	适量
新鲜红葱头或洋葱（切碎）	30 g

※ 红葱头味道较洋葱温和，清脆感类似。

青葱（切碎）	适量

※ 有虾夷葱更好，味道更香甜而清淡，量可以加倍，我很喜欢虾夷葱的味道，可惜台湾市面上比较少见。

酸豆	5 g

※ 切碎，提供酸味，中和生牛肉可能产生的部分腥味，对付劣质牛肉则无效。

搭配食材

选用调味料

优质橄榄油	15 mL
法式狄戎芥末酱	1 大匙

※ 提供酸、呛口味，芥末酱会让牛肉看起来偏黄，可适当增减使用分量，用磨成泥的山葵（wasabi）代替也可以。

鱼子酱	适量

※ 提升牛肉的香甜风味。不要选用廉价品，不然会破坏整体口味与口感。

蛋黄	1 个

※ 就像吃火锅时在沙茶酱里面加蛋黄一样，提供绵密香气。

塔巴斯可辣酱（Tabasco）	适量
酸黄瓜（切碎）	5 g
大蒜（切碎）	2~5 g
欧芹	5 g
威士忌	少许

1. 肉先切片　　2. 切丝再切碎　　3. 将调味料全部放在一起搅拌均匀

做法

1. 牛肉切法，第一种方式是直接乱刀将牛肉剁碎，也可以顺便把蔬菜等加入一次剁完；第二种方式像切菜一样，先切片、切丝再切碎，牛肉大小按自己喜好容易掌握，口感也比较一致，在此建议用第二种切法。一般家庭没有绞肉机，就先略过，在此也不建议使用。

2. 所有材料混合搅拌均匀即可，出餐前一定要先试味道。

3. 蛋黄如果要杀菌，可整个蛋丢进滚水煮1 min 再使用。可以取出蛋黄后直接搅拌入牛肉，或是为了视觉效果完整留在牛肉上面，上桌再搅拌。

4. 鱼子酱，应该放在最上面，不要预先搅拌，以达最佳视觉效果。

5. 牛肉切碎基本上细菌已经散布，不过优质牛肉细菌标准跟生鱼片标准差不多，应该在细菌大量繁殖之前就马上吃完，不吃过量应无大碍，但是千万不要在室温或冰箱冷藏室存放超过60 min 以上，以保证安全。

4.使用模子协助定型　　5.搭配鱼子酱，中间预　　6.小心放入蛋黄
　　　　　　　　　　　留蛋黄位置

朱莉娅的
红酒炖牛肉
Julia Child's Boeuf Bourguignon

各国炖牛肉本来就大同小异、百家争鸣,西式炖法跟中式炖法最大差异就在于卤汁主角。中式炖煮主要用酱油加中药材,西式用红酒加香料,其实差不多,只是中式卤汁考量养生补身与风味,西式卤汁考量香气调味,其中红酒扮演的角色,就跟中式卤汁中各式独家秘方调味料所扮演的角色是一样的。

很多食谱都说红酒要选干(不甜)的,不过我反而觉得台湾一些平价、带有甜味的红酒,比较能做出适合大众的口味,完成后有甜味跟水果香气,更容易为台湾人接受,不一定非要进口红酒才可以。

既是炖煮,就需要炖锅,请选择厚重的炖锅。铸铁锅是首选,不一定要高价涂珐琅的,便宜的黑铸铁锅也一样好用,如果没有,铜炖锅或陶瓷、玻璃炖锅效果也不错。切记不要用轻薄的锅具,这锅汤可是会烧焦的。

材料

牛肉	约 1.36 kg

※ 选择自己喜爱的部位——牛腩、牛腱、板腱,适合炖煮即可。

油	适量
盐	适量
胡椒	适量
培根	180 g

※ 会用到猪油,所以尽量选有油的培根。台湾强调的低脂培根,很多其实都是没油的组合肉,不是腹部培根肉。

胡萝卜 (切块)	1 根
番茄糊	1 大匙
面粉	2 大匙
红酒	1 瓶 (750 mL)
牛高汤	750 mL
大蒜	2 头
百里香	1/2 匙
月桂叶 (压碎)	1 片
洋葱	454 g
蘑菇 (切片)	454 g

※ 洋葱也可留下一小部分,与蘑菇一起用黄油炒过作为配菜用。也可根据需要替换为西兰花、甜椒等配菜。

黄油	适量

1. 将牛肉切块，初步爆炒

2. 将牛肉调味后撒上面粉放进烤箱烤

3. 出炉后加入胡萝卜、洋葱与红酒

4. 食谱上要大家用一整瓶的红酒调味

5. 加入番茄糊，番茄酱也可以

做法

1. 将牛肉切块，各边约5 cm，撒盐调味。

2. 将炖锅烧热，加入1大匙油，加入培根爆香2~3 min，取出培根先放一边。炖锅继续加热直到发烟点之前，加入牛肉块，利用培根油将牛肉上色爆香，必要时分批爆炒，避免出水过多不易焦褐，牛肉块表面焦褐之后，将牛肉取出备用，锅内油留下。

3. 用刚才的锅跟油，将胡萝卜、洋葱倒进去快炒一次，取出备用，这时油就可以倒掉了。

4. 将烤箱预热至200~210 ℃。

5. 将牛肉与培根放回炖锅，先用盐与胡椒均匀调味，面粉均匀撒一半在牛肉上面搅拌均匀，进烤箱烤4 min。完成后取出翻搅牛肉，再撒一次面粉，稍微翻搅后再烤4 min，目的是制造牛肉表面酥脆的表皮，顺便制造浓稠一点的汤汁。

6. 将烤箱温度调整为160 ℃。

7. 取出后加入步骤3中炒好的胡萝卜、洋葱，加入红酒1瓶，卤汁的甜味、香味、酸味就是这样来的，再加入适量牛高汤刚好盖过牛肉。

8. 加入番茄糊、大蒜、百里香、月桂叶，先将这锅肉煮滚，然后盖上盖子进烤箱烤2~3 h，中间视需要搅拌。烹煮时间跟牛肉质地有关系，美国牛肉炖煮的时间大概是澳大利亚牛肉或台湾牛肉的1/3~1/2，炖煮太久肉会散掉难以成形，可以用叉子试肉的嫩度，到自己喜欢的程度就可以出炉。

9. 没有烤箱的，在步骤5直接将面粉拌匀即可。步骤8中的进烤箱烤只是让温度控制更稳定，改用文火炖煮效果也不差，但是这时候锅的好坏差异就很明显了。

10. 利用炖肉空当将蘑菇、洋葱等配菜用黄油炒好。

7-12

TIPS

1. 完成后直接搭配米饭、面条都适宜。这道炖牛肉吃起来也有中式风味，西式或中式吃法都适宜，吃不完的打包冷藏起来，下回要吃再加热，用什么炉加热都可以，味道不会变差，甚至会更浓郁，是一道很方便的菜。讲究一点的，将肉与汤汁分离，汤汁过滤之后，大火收干成为酱汁，浓稠度与口味要自己调整判断。将汤汁变成酱汁使用，有别于泡在汤汁里的食用方式。

2. 最后吃剩的汤汁不要丢弃，适当稀释后冷藏，可以当作下回的牛高汤用。

参考
资料

[1] AIDELLS B, KELLY J. The Complete Meat Cookbook. Houghton Mifflin Harcour, 2001.

[2] BROWN A. I'm Just Here For Food. ABRAMS, 2006.

[3] CALKINS C R, SULLIVAN G. Ranking of Beef Muscles for Tenderness. Cattlemen's Beef Board, 2007.

[4] CHILD J, BERTHOLLE L, BECK S. Mastering The Art of French Cooking. Alfred A Knopf, 2001.

[5] CHILD J, PRUD HOMME A. My Life In Frence. Alfred A Knopf, 2005.

[6] CORRIHER S. Cook Wise. William Morrow Cookbooks, 2011.

[7] CULINARY INSTITUTE OF AMERICA. The Professional Chef. 8th ed. Wiley, 2007.

[8] FRITSCH K, FIELD T, GOODBODY M. Morton's The Cookbook: 100 Steakhouse Recipes for Every Kitchen. Clarkson Potter, 2009.

[9] KELLER T. The French Laundry Cookbook. 2th ed. Artisan, 1999.

[10] HERROD W, TREADWELL V. Chiller Assessment– It's Ramifications and Future. AUS–MEAT, 1995.

[11] KOOHMARAIE M, WHEELER T L, SHACKELFORD S D. BEEF TENDERNESS: REGULATION AND PREDICTION. USDA–ARS U. S. Meat Animal Research Center.

[12] LEFAVOUR C. The New Steak: Recipes for a Range of Cut Plus Savory Sides. Ten Speed Press, 2008.

[13] Meat and Livestock Australia Limited, www.australian-meat.com.

[14] MINTERT. Valuing Beef Tenderness. Kansas State University, May 2000.

[15] RAMSAY G. Gordon Ramsay's Three Star Chef. Key Porter Books, 2008.

[16] RICE W. Steak Lover's Cookbook. Workman Publishing, 1997.

[17] SCHATZKER M. Steak: One Man's Search for the World's Tastiest Piece of Beef. Viking Adult, 2010.

[18] SCHLESINGER C, WILLOUGHBY J. How to Cook Meat. William Morrow Cookbooks, 2002.

[19] THORNE J, THORNE M. Outlaw Cook. North Point Press, 1994.

[20] WALSH W. Grass Fed VS. Grain Fed Beef? University Of California, 2005.

[21] WHITE M. Marco Pierre White in Hell's Kitchen: Over 100 Wickedly Tempting Recipes. Ebury Press, 2008.

[22] WRIGHT J, TREUILLE E. Le Cordon Bleu Complete Cooking Techniques. Carroll & Brown Limited/ Le Cordon Bleu BV, 1996.

[23] 加拿大牛肉分级协会（暂译），www.beefgradingagency.ca.

[24] 哈洛德·马基. 食物与厨艺. 大家出版社，2011.

[25] 美国牛肉网站，www.thebeefsite.com.

[26] 美国肉类出口协会驻华办事处，www.usmef.org.tw.

[27] 美国和牛协会（暂译），www.kobe-beef.com.

[28] 美国长山牧场（暂译），www.lonemountaincattle.com.

[29] 神户肉流通推进协议会，www.kobe-niku.jp.

[30] 新西兰肉品局（暂译），www.newzealandbeef.net.

[31] 陈重光. 21 天的秘密. 推守文化创意股份有限公司，2010.

[32] 澳大利亚肉品局（暂译），www.australian-meat.com.

[33] 澳大利亚肉品协会（暂译），www.mla.com.au.

[34] 澳大利亚和牛协会（暂译），http://wagyu.org.au.

原著作名：《完美牛排烹饪全书：12道全世界都在享用的经典牛排食谱》

原出版社：开企有限公司

作　者：东西小栈　王永贤◎著

本书中文简体出版权由开企有限公司授权，同意由河南科学技术出版社出版中文简体字版本。

非经书面同意，不得以任何形式任意重制、转载。

图书在版编目（CIP）数据

完美牛排烹饪全书：大师级美味关键的一切秘密 / 王永贤著. —郑州：河南科学技术出版
社，2016.11（2018.6重印）

　ISBN 978–7–5349–8256–9

Ⅰ.①完… Ⅱ.①王… Ⅲ.①牛肉—菜谱 Ⅳ.①TS972.125

中国版本图书馆CIP数据核字（2016）第173627号

出版发行：河南科学技术出版社

　　　　地址：郑州市经五路66号　邮编：450002

　　　　电话：（0371）65737028　65788633

　　　　网址：www.hnstp.cn

策划编辑：李迎辉

责任编辑：司　芳

责任校对：崔春娟

封面设计：张　伟

责任印制：张艳芳

印　　刷：河南新达彩印有限公司

经　　销：全国新华书店

幅面尺寸：170 mm×230 mm　印张：15.5　字数：290千字

版　　次：2016年11月第1版　2018年6月第3次印刷

定　　价：69.00元

如发现印、装质量问题，影响阅读，请与出版社联系并调换。